理工数学シリーズ

解析力学

村上雅人
鈴木正人
小林忍

飛翔舎

はじめに

　大学で習う理工系の科目で、何が最も難解かと問われれば、**解析力学** (analytical mechanics) と答えるひとが多いのではないだろうか。一般力学であれば、ニュートンの運動方程式で多くの問題を解法できる。それも、力のつりあいに基礎を置いているので、直感でもわかりやすい。なにより、高校で習う手法である。わざわざ、解析力学という別形式の物理を習う意味がないのではないか。これが、多くの初学者が感じる率直な疑問であろう。

　さらに、ラグランジアン L と呼ばれる関数がいきなり登場し、それが $L = T - U$ という運動エネルギーから位置エネルギーを引くという式によって与えられると習う。そして、はじめは L が主役を演じることになる。その物理的意味に疑問を持ちながら進んでいくと、突然、ハミルトニアン H が登場し、こちらの関数は、$H = T + U$ という足し算であると習う。そして、ラグランジュ形式からハミルトン形式の解析力学へと引き継がれる。いよいよ、初学者は路頭に迷うことになる。

　実は、解析力学の手法は変分法に立脚している。つまり、変分法の理解が、解析力学を理解する第一歩となる。そのうえで、物体の運動に変分法を適用した際に登場するのがラグランジアン L なのである。そして、L の変数をルジャンドル変換したものがハミルトニアン H なのである。

　形式が異なることから戸惑うひとも多いかもしれないが、解析力学という手法によって力学問題が解法できるという事実は、新たな視野を与えるものでもある。

　物理学者の**ファインマン** (Richard Feynman) は、解析力学に魅せられたひとりである。それは、この学問がニュートン力学とは異なる手法を使っていながら、まったく同じ解を与えるからである。そして、彼は、最小作用の原理をもとに、量子力学において経路積分という独自の手法を構築したのである。

　とは言え、解析力学を難解と感じているひとが多いのも事実である。そこで、本書では、ラグランジアン L やハミルトニアン H などに、どのような意味があ

るのかを、応用例も示しながらわかりやすく解説している。物理の手法は実践に利用してみて、はじめて理解が進むからである。これは、理工数学シリーズの基本的考えである。

　本書を通して、解析力学が難解で無用なものではなく、人類の所産であり、ものごとを見つめるときに、別の角度から光をあてると、異なった風景が見えることに気づかせてくれる学問なのだということを少しでも感じていただければ、著者として幸いである。

2024 年　春

村上雅人、鈴木正人、小林忍

もくじ

第1章　変分法

解析力学 (analytical mechanics; analytical dynamics) の第一歩は、**変分法** (calculus of variation)という数学的手法を理解することにある。というのも、解析力学で登場する方程式は変分法の考えをもとに導入されているからである。

よって、本章では、関数の関数である**汎関数** (functional) の極値を求める変分法の基礎について説明する。そして、それをもとに導入された**オイラー方程式** (Euler equation) について紹介する。

1.1.　関数の停留値

関数 $y = f(x)$ の**停留点** (stationary point) とは導関数 $f'(x)$ が 0 となる点であり、**極大** (local maximum) あるいは**極小** (local minimum)となる。**変曲点** (inflection point) も停留点の一種であるが、$f'(x) \neq 0$ の変曲点も存在する。よって、停留点となる変曲点を停留変曲点と呼んでいる。ただし、変分法で重要となるのは、極大極小となる停留点である。

停留点を求めるには、関数の導関数 $f'(x)$ を求め、$f'(x) = 0$ を満足する x の値を求めればよい。たとえば

$$y = f(x) = x^2 - 2x + 3$$

という関数を考える。すると

$$\frac{dy}{dx} = f'(x) = 2x - 2 = 2(x - 1)$$

となり、$f'(x) = 0$ を満足するのは $x = 1$ となる。これが停留点であり、停留値は $f(1) = 2$ となる。

実は、このままでは、停留値が極大か、極小かの判断はつかない。よって、関数の増減などの変化から判断することになる。いまの場合は、$x = 0 < 1$ において $f'(0) = -2 < 0$ であり、$x = 2 > 1$ において、$f'(2) = 2 > 0$ であるから、極値の前

後で関数の傾きが負から正に変化する。よって、$x = 1$ で極小値をとることがわかる。

演習 1-1　$y = f(x) = x^2 - 2x + 3$ において、停留点の $x = 1$ から、微小量 Δx だけ変化させたとき、$\Delta y = 0$ となることを確かめよ。

解） $x = 1$ のとき $y = f(1) = 2$ である。 $x = 1 + \Delta x$ を代入すると

$$y + \Delta y = f(1 + \Delta x) = (1 + \Delta x)^2 - 2(1 + \Delta x) + 3$$
$$= 2 + (\Delta x)^2 = 2 = y$$

より $\Delta y = 0$ となる。つぎに $x = 1 - \Delta x$ を代入すると

$$y - \Delta y = f(1 - \Delta x) = (1 - \Delta x)^2 - 2(1 - \Delta x) + 3$$
$$= 2 + (\Delta x)^2 = 2 = y$$

となり、$\pm \Delta x$ の微小変化に対して $\Delta y = 0$ となることがわかる。

ただし、極限値を求める際には、$\Delta x \to 0$ のような微小量においては、Δx に対して、$(\Delta x)^2$ や $(\Delta x)^3$ のように高次の項は無視できるということを使っている。

ここで、停留点の停留とは、x の値を正または負の方向に微小に変化させても、$y = f(x)$ の値が変化しないという意味である。

コラム　Δx の 2 乗

$\Delta x = 0.00001 = 10^{-5}$ とすると、2 次の項は

$$(\Delta x)^2 = 0.0000000001 = 10^{-10}$$

となり $1/100000 = 1/10^5$ だけ小さくなる。

$\Delta x = 10^{-100}$ とすると $(\Delta x)^2 = 10^{-200}$ となり、2 次の項の大きさは、1 次の項の 10^{100} 分の 1 となる。値がさらに小さくなれば、この差の桁数は限りなく大きくなり、結局、$\Delta x \to 0$ の極限では、2 次以上の高次の項は無視してよいことになる。なお、無限小となる極限では、Δx は dx と表記するのが通例である。

導関数が 0 となる条件 $f'(x) = 0$ から停留点を求める手法は、**微積分** (calculus) の応用のひとつであり、理工学分野において頻繁に使われる手法である。ただし、

すでに紹介したように、停留点が極大か極小かどうか、また、それらが最大か最小かどうかは、$f'(x) = 0$ からは判定できない。実際の問題では、関数の増減の様子などから判定することになる。

　実は、停留点の考えを**関数** (function) の関数である**汎関数** (functional) に応用したものが**変分法** (calculus of variation)なのである。

1. 2.　汎関数と変分

　それでは、具体例で変分法を見ていこう。たとえば、xy 平面において、原点 $(0, 0)$ と点 A $(1, 1)$ を結ぶ経路の中で、もっとも距離が短いものを求めるのが変分問題である。実に単純な問題に聞こえるが、なにが普通の場合と違うのだろうか。

　もちろん、この問題の答えは直線となるが、変分法では、図 1-1 に示すように、それを未知の曲線として$y = y(x)$ と置く。そのうえで $y(x)$ のかたちを変化させたときに、距離がどう変化するかを調べる。その結果をもとに、距離の最小値である極値を与える関数 $y(x)$ を求めるのが変分問題である。つまり、求める未知の変数が「関数のかたち」なのである。

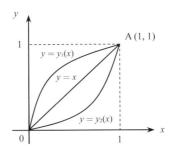

図 1-1　始点 $(0, 0)$ と終点 A$(1, 1)$ を結ぶ関数 $y = y(x)$ のかたちを変えて、2 点間の距離 ℓ が最小となるものを選ぶのが変分法の手法である。

　さらに、大きな特徴は、始点と終点が固定されているという点である。そして、その間の経路のかたちを変えて、2 点間の距離がどう変化するかを関数として表

現し、その停留値を求めるのが変分法となる。

　ここで、線の長さ ℓ は、経路の微小線素を ds と置くと

$$\ell = \int ds$$

という積分で与えられる。

　そして、ℓ を求めるには、微小線素である ds の表式を、x ならびに y の関数として求める必要がある。図 1-2 を参考に ds を求めてみよう。

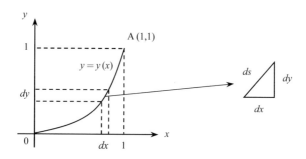

図 1-2　原点 $(0, 0)$ から点 A$(1, 1)$ までの経路の微小素片 ds

　すると

$$ds^2 = dx^2 + dy^2$$

という関係にあることがわかる。

　よって、ds は

$$ds = \sqrt{dx^2 + dy^2}$$

と与えられる。

演習 1-2　経路の微小線素 ds を、dx と $y' = dy/dx$ を用いて表せ。

　解）　$ds = \sqrt{dx^2 + dy^2}$ を変形すると

$$ds = dx\sqrt{1 + \left(\frac{dy}{dx}\right)^2} = dx\sqrt{1 + (y')^2}$$

となる。

よって、経路長は

$$\ell = \int ds = \int \sqrt{1 + (y')^2}\, dx$$

という積分によって与えられる。いまの問題では、積分範囲は $0 \le x \le 1$ となるので、経路長は、結局

$$\ell = \int_0^1 \sqrt{1 + (y')^2}\, dx$$

という定積分によって与えられる。

ただし、$y = y(x)$ であるから、$y' = y'(x)$ のように、y' は x の関数である。そして、いまの問題では、ℓ は y' のみの関数となっているが、あくまでも求めるのは $y(x)$ である。このとき、ℓ を関数 y の関数とみなして

$$\ell[y] = \int_0^1 \sqrt{1 + (y')^2}\, dx$$

と表記する。これが**汎関数** (functional) である。また、汎関数が積分のかたちをしているときには、積分汎関数と呼ぶこともある。通常の関数と区別するため、( ) ではなく [ ] を使っている。

コラム　関数の関数には、**合成関数** (composite function) もある。合成関数は

$$y = g(f(x))$$

というかたちをしており、f と g はすでに決まっている。このため x の値が決まれば y の値が決まる。あくまでも、x が変数である。一方、汎関数

$$I = I[y]$$

では、$y = y(x)$ のかたちは決まっていない。たとえば $y = x$ や $y = \sin x$ などのように y のかたちが決まれば、I の値が決まる。つまり、x ではなく関数 y のかたちが変数となるのである。

後ほど紹介するように、一般には汎関数は変数として y' だけでなく y や x も含む。今の変分問題では、たまたま y' のみの関数となっていることに注意されたい。

ここで、汎関数 ℓ が得られたので、つぎのステップは、その停留値を求めることである。いまの場合は、もちろん、距離の最小値を求めることになる。

このとき、微積分と同じ考えを変分法にも適用する。もし、ある関数 y が、その長さ ℓ の最小値（停留値）を与えるとするならば、関数のかたちをわずかに変化させて $y \to y + \delta y$ としても $\delta\ell = 0$ となるはずである。よって、停留点では

$$\delta\ell = \ell[y + \delta y] - \ell[y] = 0$$

が成立する。

いまの場合、ℓ は y' の関数であり $y \to y + \delta y$ のとき

$$y' \to (y + \delta y)'$$

となり

$$(y + \delta y)' = y' + (\delta y)' = y' + \delta y'$$

となる[1]から

$$\delta\ell = \ell[y' + \delta y'] - \ell[y'] = 0$$

が停留点を与える条件となる。

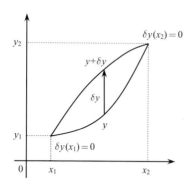
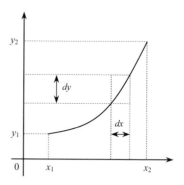

図 1-3　変分と微分の違い。変分では、始点と終点が固定されており、その間の関数 y のかたちを $y + \delta y$ と変化させる操作である。よって、始点と終点では $\delta y = 0$ である。微分は、既知の関数 $y = y(x)$ の傾き dy/dx を求める操作である。

---

[1] ここでは $(\delta y)' = \delta y'$ という関係を使っているが、これは、変分と微分の交換と呼ばれ、必ずしも自明ではない。その証明は、演習 1-4 を参照いただきたい。

　関数の場合は**微分** (differential) となるが、汎関数では、図 1-3 に示すように、変化させるのは数値ではなく、関数 y（のかたち）であるので**変分** (variation)と呼んで区別しているのである。また、微小変位も、微分と区別して d ではなくδという表記を採用する。

　ここで、距離を与える積分である

$$\ell[y] = \int_0^1 \sqrt{1+(y')^2}\, dx$$

において、被積分関数を

$$L(y') = \sqrt{1+(y')^2}$$

と置いてみよう。すると

$$\ell[y] = \int_0^1 L(y')\, dx$$

となる。このとき、汎関数である経路長 ℓ の変分は

$$\delta\ell = \delta\left(\int_0^1 L(y')\, dx\right) = \int_0^1 L(y'+\delta y')\, dx - \int_0^1 L(y')\, dx$$

と与えられる。

演習 1-3　$L(y'+\delta y')$ をテイラー展開し、経路長 ℓ の変分である $\delta\ell$ の表式を求めよ。

　解）　　テイラー展開は

$$L(y'+\delta y') = L(y') + \frac{dL(y')}{dy'}\delta y' + \frac{1}{2}\frac{d^2 L(y')}{dy'^2}(\delta y')^2 + ...$$

となる。

　ここで、$\delta y'$ は微小量であるので、2 次以上の項を無視すると

$$L(y'+\delta y') = L(y') + \frac{dL(y')}{dy'}\delta y'$$

となる。つぎに

$$L(y') = \sqrt{1+(y')^2} = \left(1+(y')^2\right)^{1/2}$$

として y' に関する微分を求めると

$$\frac{dL(y')}{dy'} = \frac{1}{2}\left(1+(y')^2\right)^{-1/2}\left\{2(y')\right\} = \frac{y'}{\sqrt{1+(y')^2}}$$

となる。したがって

$$L(y'+\delta y') = L(y') + \frac{dL(y')}{dy'}\delta y' = L(y') + \frac{y'}{\sqrt{1+(y')^2}}\delta y'$$

となり

$$L(y'+\delta y') - L(y') = \frac{y'}{\sqrt{1+(y')^2}}\delta y'$$

から、経路長 ℓ の変分は

$$\delta\ell = \int_0^1\left\{\frac{y'}{\sqrt{1+(y')^2}}\delta y'\right\}dx$$

となる。

この値が 0 となる条件から、関数 y を求めればよいことになる。このとき、任意の δy に対して、常に $\delta\ell = 0$ となる関数が求める関数 $y(x)$ となる。

ところで、上記の被積分関数は δy ではなく、$\delta y'$ の関数となっている。変分法では δy の変化に注目しなければならない。そこで、**部分積分** (integration by parts) を利用して、$\delta y'$ を δy に変えてみることにする。そのために

$$\delta y' = \delta\left(\frac{dy}{dx}\right) = \delta\left(\frac{d}{dx}y\right) = \frac{d}{dx}(\delta y) = (\delta y)'$$

という関係を使う。

この操作は、変分 δ と微分演算子 d/dx が交換可能であることを示している。

演習 1-4 つぎの変分と微分の交換関係が成立することを確かめよ。

$$\delta\left(\frac{dy}{dx}\right) = \frac{d}{dx}(\delta y)$$

解） 微分の定義から

$$\frac{dy}{dx} = \lim_{b \to a} \frac{y(b) - y(a)}{b - a}$$

となる。よって

$$\frac{d(\delta y)}{dx} = \lim_{b \to a} \frac{\delta y(b) - \delta y(a)}{b - a}$$

となる。つぎに

$$\delta\left(\frac{dy}{dx}\right) = \frac{d(y + \delta y)}{dx} - \frac{dy}{dx}$$

となるが、微分の定義を適用すると

$$\frac{d(y + \delta y)}{dx} = \lim_{b \to a} \left\{ \frac{\left\{y(b) + \delta y(b)\right\} - \left\{y(a) + \delta y(a)\right\}}{b - a} \right\}$$

となるので

$$\delta\left(\frac{dy}{dx}\right) = \lim_{b \to a} \left\{ \frac{\left\{y(b) + \delta y(b)\right\} - \left\{y(a) + \delta y(a)\right\}}{b - a} - \frac{y(b) - y(a)}{b - a} \right\}$$

$$= \lim_{b \to a} \frac{\delta y(b) - \delta y(a)}{b - a}$$

となり、両者が一致することが確認できる。

　それでは、変分と微分の交換関係を利用して、部分積分を行ってみよう。

コラム　関数の積の微分は

$$\left(f(x)g(x)\right)' = f'(x)g(x) + f(x)g'(x)$$

となる。したがって

$$f(x)g'(x) = \left(f(x)g(x)\right)' - f'(x)g(x)$$

という関係が得られるが、両辺を積分すると

$$\int f(x)g'(x)dx = f(x)g(x) - \int f'(x)g(x)dx$$

となる。これが部分積分である。また、定積分の場合は

$$\int_a^b f(x)g'(x)\,dx = \Big[f(x)g(x)\Big]_a^b - \int_a^b f'(x)g(x)\,dx$$

となる。

$$\delta\ell = \int_0^1 \left\{ \frac{y'}{\sqrt{1+(y')^2}}\delta y' \right\} dx$$

において

$$\delta y' = (\delta y)'$$

という変分と微分の交換関係を使うと

$$\delta\ell = \int_0^1 \left\{ \frac{y'}{\sqrt{1+(y')^2}}(\delta y)' \right\} dx$$

となる。ここで

$$f(x) = \frac{y'}{\sqrt{1+(y')^2}} \qquad g(x) = \delta y$$

として部分積分

$$\int_0^1 f(x)g'(x)\,dx = \Big[f(x)g(x)\Big]_0^1 - \int_0^1 f'(x)g(x)\,dx$$

を適用すると

$$\delta\ell = \int_0^1 \left\{ \frac{y'}{\sqrt{1+(y')^2}}(\delta y)' \right\} dx = \left[\frac{y'}{\sqrt{1+(y')^2}}\delta y \right]_0^1 - \int_0^1 \left\{ \left(\frac{y'}{\sqrt{1+(y')^2}} \right)' \delta y \right\} dx$$

となる。

　ここで、変分法では上端と下端は固定されているので、$\delta y(0)=0$ ならびに $\delta y(1)=0$ であるから（図 1-3 の左図を参照）、第 1 項は

$$\left[\frac{y'}{\sqrt{1+(y')^2}}\delta y \right]_0^1 = \frac{y'(1)}{\sqrt{1+(y'(1))^2}}\delta y(1) - \frac{y'(0)}{\sqrt{1+(y'(0))^2}}\delta y(0) = 0 - 0 = 0$$

となり

$$\delta\ell = -\int_0^1 \left\{ \left(\frac{y'}{\sqrt{1+(y')^2}} \right)' \delta y \right\} dx = -\int_0^1 \left\{ \frac{d}{dx} \left(\frac{y'}{\sqrt{1+(y')^2}} \right) \delta y \right\} dx$$

となる。

　実は、変分法では、境界において $\delta y = 0$ となるという条件が重要なのである。一方、y' では境界において $\delta y' = 0$ となるとは限らない。このためにも、$\delta y'$ を δy に変える操作が必要だったのである。

　この区間で、関数 y のかたちをわずかに変化させたとき、任意の δy に対して、$\delta\ell = 0$ が成立するためには

$$\frac{d}{dx} \left(\frac{y'}{\sqrt{1+(y')^2}} \right) = 0$$

が成立しなければならない。この式が成立するのは、C を定数として

$$\frac{y'}{\sqrt{1+(y')^2}} = C$$

のときである。

演習 1-5　境界条件 $y(0)=0$ および $y(1)=1$ のもとで、以下の微分方程式を解法せよ。

$$\frac{y'}{\sqrt{1+(y')^2}} = C$$

　解)　　微分方程式を変形すると

$$y' = C\sqrt{1+(y')^2} \qquad (y')^2 = C^2\left\{1+(y')^2\right\}$$

から

$$(y')^2 = \frac{C^2}{1-C^2} \qquad y' = \pm\sqrt{\frac{C^2}{1-C^2}}$$

よって、y は

$$y = y(x) = \pm\sqrt{\frac{C^2}{1-C^2}}\, x + a$$

と与えられる。境界条件より

$$y(0) = a = 0 \qquad y(1) = \pm\sqrt{\frac{C^2}{1-C^2}} = 1$$

から $y = x$ が解となる。

___

　したがって、求める最短経路は直線となる。この解は自明であるが、変分法による解法の概要がわかっていただけたと思う。それでは、次項では、変分法による解法で代表的な最速降下曲線を紹介したいと思う。

1.3. 最速降下曲線問題

　最速降下曲線問題 (brachistochrone problem) は、高度差のある 2 点間を質量 m [kg] の物体が重力 mg [N] によって降下するときに、もっとも短時間で移動できる曲線を求めるという問題である。図 1-4 のように座標を設定する。つまり、鉛直下向きが y の正方向となる。ある点 O (0, 0) から出発して、点 P (x_1, y_1) に到達する経路として $y = y(x)$ を考える。

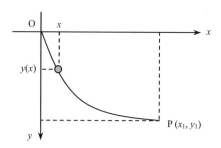

図 1-4　最速降下曲線問題：点 O から点 P に向かう曲線で物体の降下時間が最も短くなるものを求める。この図では、鉛直下方を y の正方向としていることに注意されたい。

　そして、降下にかかる最短時間を与える未知の $y = y(x)$ という関数を求めるのが、今回の変分問題となる。

> **演習** 1-6　エネルギー保存則を利用して質量 m [kg] の物体が、始点 O から、位置 $y(x)$ [m] まで降下した時点での速度 v [m/s] を求めよ。ただし重力加速度を g [m/s^2] とする。

　　解)　　物体が y [m] まで降下したときに失う位置エネルギーは

$$mg\,y \text{ [J]}$$

となる。一方、速度が v [m] の物体が有する運動エネルギーは

$$(1/2)\,mv^2 \text{ [J]}$$

となるので、エネルギー保存則から

$$mg\,y = \frac{1}{2}mv^2$$

という関係が得られる。

　　したがって、この点での速度は

$$v = \sqrt{2g\,y} \quad \text{[m/s]}$$

と与えられる。

　　この位置での速度 v [m/s] の x 成分 v_x を求めてみよう。図 1-5 に示すように、速度の成分比が、曲線の傾きと一致するので

$$\frac{dy}{dx} = y' = \frac{v_y}{v_x}$$

となる。

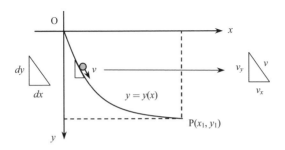

図 1-5　曲線 $y = y(x)$ に沿った物体の速度 v [m/s] と、その成分である v_x [m/s] および v_y [m/s] との関係。

したがって
$$v_y = y' v_x$$
という関係にある。ここで
$$v^2 = v_x{}^2 + v_y{}^2$$
であるから
$$v = \sqrt{v_x{}^2 + v_y{}^2} = \sqrt{v_x{}^2 + (y'v_x)^2} = v_x\sqrt{1+(y')^2}$$
となり
$$v_x = \frac{v}{\sqrt{1+(y')^2}}$$
となる。

　$v = \sqrt{2gy}$ を代入すれば物体の運動の速度の x 成分は

$$v_x = \frac{\sqrt{2gy}}{\sqrt{1+(y')^2}}$$

と与えられる。

　これが x 方向の速さの y 依存性となる。当然のことながら、曲線の形状 y に依存して、速度 v_x は変化することがわかる。

演習 1-7　質量 m [kg] の物体が曲線 $y = y(x)$ に沿って、点 O から P まで移動するのに要する時間 t [s] を積分によって示せ。

　解)　x 方向に着目すると、点 O から P に移動する時間 t は、物体が $x = 0$ から $x = x_1$ まで移動するのに要する時間である。

　ここで、x 方向の微小距離 dx を移動するのに要する時間 dt は

$$v_x = \frac{dx}{dt}$$

から

$$dt = \frac{dx}{v_x} = \frac{\sqrt{1+(y')^2}}{\sqrt{2gy}}\,dx$$

と与えられる。

したがって、dt を dx に変換して $x = 0$ から $x = x_1$ まで積分すれば、点 O から点 P まで移動するのに要する時間 t_1 となるはずである。

よって

$$t_1 = \int_0^{t_1} dt = \int_0^{x_1} \frac{\sqrt{1 + (y')^2}}{\sqrt{2g\,y}} dx$$

と与えられる。

この場合

$$t = t\,[y]$$

となって、所要時間 t が関数 y の汎関数となっている。

そして、この問題は、t を最小にする関数 y のかたちの $y = y(x)$ を求めることである。ここで、被積分関数を

$$L = \frac{\sqrt{1 + (y')^2}}{\sqrt{2g\,y}}$$

と置く。この場合、関数 L は、y と y' の 2 個の変数からなり

$$L = L\,(y,\, y')$$

と表記できる。このとき、L は x を陽 (あらわ) な変数として含んでいないが、y と y' は x の関数であるので、それを明示すれば

$$L = L\left(y(x),\, y'(x)\right)$$

となることに注意されたい。

コラム　変分法では、y と y' を独立変数のように扱う。しかし、実際には x が独立変数であり、y も y' も従属変数である。よって、$y(x)$ のかたちを求める問題が変分法と言われても、本来は $L = L\,(y,\, y')$ ではなく、$L = L\,(x)$ ではないのかという疑問を持たれる方も多いだろう。この疑問に対する説明は補遺 1-1 に示してあるので参照いただきたい。結論を言えば、y と y' を独立変数のように扱っても問題はないのである。

このとき、y の汎関数である所用時間 t は

$$t[y] = \int_0^{x_1} L\,dx = \int_0^{x_1} L\,(y, y')\,dx$$

と書ける。結局、この積分汎関数の停留値（いまの問題では最小値）を求めれば
よいことになる。

　ここで、y のかたちをわずかに δy だけ変化させたとしよう。すると、y' は
$y' + \delta y'$ へと変化する。このときの、L の変化は、2 変数 の y の変化と y' の変
化の両方の影響を受けることになる。変分も微小変化なので、普通の 2 変数関数
の全微分と同様とみなせば

$$\delta L = \frac{\partial L(y, y')}{\partial y}\delta y + \frac{\partial L(y, y')}{\partial y'}\delta y'$$

と与えられる。このとき、δt は

$$\delta t = \delta\left(\int_0^{x_1} L\,dx\right) = \int_0^{x_1}(L + \delta L)\,dx - \int_0^{x_1} L\,dx = \int_0^{x_1}(\delta L)\,dx$$

となる。したがって、いま求めた δL を代入すると

$$\delta t = \int_0^{x_1}\left\{\frac{\partial L(y, y')}{\partial y}\delta y + \frac{\partial L(y, y')}{\partial y'}\delta y'\right\}dx$$

となる。

　$y = y(x)$ が最速降下曲線であれば、t は極値をとるので $\delta t = 0$ という条件から、
$y(x)$ を求めることができるはずである。ただし、このままでは、被積分関数に $\delta y'$
が入っている。始点と終点では $\delta y = 0$ となるが $\delta y'$ はそうなるとは限らない。そ
こで、部分積分を利用して $\delta y'$ を δy に変えることを試みる。

演習 1-8　変分と微分の交換関係である

$$\delta y' = \delta\left(\frac{dy}{dx}\right) = \frac{d}{dx}(\delta y) = (\delta y)'$$

を利用して、δt の右辺の第 2 項に部分積分を適用せよ。

　解）　　まず、変分と微分を交換すると

$$\int_0^{x_1}\left\{\frac{\partial L(y, y')}{\partial y'}\delta y'\right\}dx = \int_0^{x_1}\left\{\frac{\partial L(y, y')}{\partial y'}(\delta y)'\right\}dx$$

となる。

　　ここで、右辺に部分積分を適用すると

$$\left[\frac{\partial L(y,y')}{\partial y'}\delta y\right]_0^{x_1} - \int_0^{x_1}\left\{\frac{d}{dx}\left[\frac{\partial L(y,y')}{\partial y'}\right]\delta y\right\}dx$$

と与えられる。

　　始点と終点は固定されているので、$\delta y(0) = 0$　かつ　$\delta y(x_1) = 0$ となるから、第 1 項は

$$\left[\frac{\partial L(y,y')}{\partial y'}\delta y\right]_0^{x_1} = 0 - 0 = 0$$

となる。結局

$$\int_0^{x_1}\left\{\frac{\partial L(y,y')}{\partial y'}\delta y'\right\}dx = -\int_0^{x_1}\left\{\frac{d}{dx}\left[\frac{\partial L(y,y')}{\partial y'}\right]\delta y\right\}dx$$

と変換される。

　　したがって、δt は

$$\delta t = \int_0^{x_1}\left\{\frac{\partial L(y,y')}{\partial y}\delta y + \frac{\partial L(y,y')}{\partial y'}\delta y'\right\}dx = \int_0^{x_1}\left(\left\{\frac{\partial L(y,y')}{\partial y} - \frac{d}{dx}\left[\frac{\partial L(y,y')}{\partial y'}\right]\right\}\delta y\right)dx$$

となる。

　　この結果、被積分関数が δy でうまく括りだせることになる。そして、任意の δy に対して、$\delta t = 0$ となる条件は

$$\frac{\partial L(y,y')}{\partial y} - \frac{d}{dx}\left[\frac{\partial L(y,y')}{\partial y'}\right] = 0$$

という方程式となる。あるいは、簡略化して

$$\frac{\partial L}{\partial y} - \frac{d}{dx}\left[\frac{\partial L}{\partial y'}\right] = 0$$

と書くことも多い。

1.4. オイラー方程式

実は、前項で求めた微分方程式のことを**オイラー方程式** (Euler equation) と呼んでおり、変分法の基本となる方程式である。換言すれば、変分問題とは、オイラー方程式を満足する関数 y を求めることにある。

実は、本書の主題である解析力学の基本も、力学版のオイラー方程式であるラグランジュ方程式を満足する解を求めることなのである。これについては、次章以降で説明していく。ここで、最速降下曲線問題を整理すれば

$$L(y, y') = \frac{\sqrt{1 + (y')^2}}{\sqrt{2g\,y}}$$

のもとで

$$I[y] = \int_0^{x_1} L(y, y')\, dx$$

という積分汎関数の極値を与える条件である

$$\delta I[y] = 0$$

を満足する関数 y を求めることになる。

そして、y はオイラー方程式

$$\frac{\partial L(y, y')}{\partial y} - \frac{d}{dx}\left[\frac{\partial L(y, y')}{\partial y'}\right] = 0$$

の解となる。

ただし、最速降下曲線問題において、いま求めた $L(y, y')$ を、直接オイラー方程式に代入すると、かなり煩雑となることが知られている。そのため、オイラー方程式の変形版の**ベルトラミの公式** (Beltrami Identity) を使うのがより一般的である。少し遠回りになるが、まず、その説明を行うことにする。

演習 1-9 $L(y, y')$ を x に関して微分せよ。

解)
$$\frac{dL(y, y')}{dx} = \frac{\partial L(y, y')}{\partial y}\frac{dy}{dx} + \frac{\partial L(y, y')}{\partial y'}\frac{dy'}{dx}$$

$$= \frac{\partial L(y, y')}{\partial y} y' + \frac{\partial L(y, y')}{\partial y'} y''$$

となる。

したがって

$$\frac{\partial L(y, y')}{\partial y} y' = \frac{d\,L(y, y')}{dx} - \frac{\partial L(y, y')}{\partial y'} y''$$

という関係が得られる。ここで、オイラー方程式

$$\frac{\partial L(y, y')}{\partial y} - \frac{d}{dx}\left(\frac{\partial L(y, y')}{\partial y'} \right) = 0$$

の両辺に y' をかけると

$$\frac{\partial L(y, y')}{\partial y} y' - \frac{d}{dx}\left(\frac{\partial L(y, y')}{\partial y'} \right) y' = 0$$

となるので

$$\frac{dL(y, y')}{dx} - \left\{ \frac{\partial L(y, y')}{\partial y'} y'' + \frac{d}{dx}\left(\frac{\partial L(y, y')}{\partial y'} \right) y' \right\} = 0$$

となる。

演習 1-10　つぎの関数を x に関して微分せよ。

$$\frac{\partial L(y, y')}{\partial y'} y'$$

解）

$$\frac{d}{dx}\left(\frac{\partial L(y, y')}{\partial y'} y' \right) = \frac{d}{dx}\left(\frac{\partial L(y, y')}{\partial y'} \right) y' + \frac{\partial L(y, y')}{\partial y'} \frac{dy'}{dx}$$

$$= \frac{d}{dx}\left(\frac{\partial L(y, y')}{\partial y'} \right) y' + \frac{\partial L(y, y')}{\partial y'} y''$$

となる。

したがって

$$\frac{d}{dx}\left(\frac{\partial L(y, y')}{\partial y'}\right) y' = \frac{d}{dx}\left(\frac{\partial L(y, y')}{\partial y'} y'\right) - \frac{\partial L(y, y')}{\partial y'} y''$$

より

$$\frac{dL(y, y')}{dx} - \left\{\frac{\partial L(y, y')}{\partial y'} y'' + \frac{d}{dx}\left(\frac{\partial L(y, y')}{\partial y'}\right) y'\right\}$$

$$= \frac{dL(y, y')}{dx} - \frac{d}{dx}\left(\frac{\partial L(y, y')}{\partial y'} y'\right) = 0$$

となる。

この式をまとめると

$$\frac{d}{dx}\left(L(y, y') - \frac{\partial L(y, y')}{\partial y'} y'\right) = 0$$

となり、結局 C を定数として

$$L(y, y') - y'\frac{\partial L(y, y')}{\partial y'} = C$$

という微分方程式が得られる。

これをベルトラミの公式と呼んでいる。L が x を変数として 陽 に含まない $L(y, y')$ の場合に利用できるオイラー方程式の変形版である。

演習 1-11　ベルトラミの公式を利用して、最速降下曲線を与える微分方程式を導出せよ。

解)　最速降下曲線を与える L は

$$L(y, y') = \frac{\sqrt{1 + (y')^2}}{\sqrt{2g y}}$$

であった。この積分汎関数

$$I[y] = \int_0^x L(y, y') dx$$

が極値をとる条件である $\delta I = 0$ は、ベルトラミの公式から

$$L(y, y') - y'\frac{\partial L(y, y')}{\partial y'} = C$$

となる。ここで

$$L(y, y') = \frac{\sqrt{1+(y')^2}}{\sqrt{2gy}} = \frac{\left\{1+(y')^2\right\}^{\frac{1}{2}}}{\sqrt{2gy}}$$

として y' に関して偏微分すれば

$$\frac{\partial L(y, y')}{\partial y'} = \frac{\frac{1}{2}(2y')\left\{1+(y')^2\right\}^{-\frac{1}{2}}}{\sqrt{2gy}} = \frac{y'}{\sqrt{2gy\left\{1+(y')^2\right\}}}$$

となる。したがって、ベルトラミの公式は

$$\frac{\sqrt{1+(y')^2}}{\sqrt{2gy}} - y'\frac{y'}{\sqrt{2gy\left\{1+(y')^2\right\}}} = C$$

となる。左辺は

$$\frac{1+(y')^2}{\sqrt{2gy\left\{1+(y')^2\right\}}} - \frac{(y')^2}{\sqrt{2gy\left\{1+(y')^2\right\}}} = \frac{1}{\sqrt{2gy\left\{1+(y')^2\right\}}}$$

と変形できるから、結局

$$\frac{1}{\sqrt{2gy\left\{1+(y')^2\right\}}} = C$$

という微分方程式が得られる。

この方程式を変形していこう。すると

$$y\left\{1+(y')^2\right\} = \frac{1}{2gC^2} = 2A$$

と置ける。ただし、A は定数 (≥ 0) である。さらに、変形すると

$$y' = \pm\sqrt{\frac{2A-y}{y}}$$

となる。

あとは、この微分方程式を解いて、境界条件を満足する解を求めればよいだけである。実は、この微分方程式の解はよく知られており、図1-6 に示したような

サイクロイド曲線 (cycloid curve) となる。

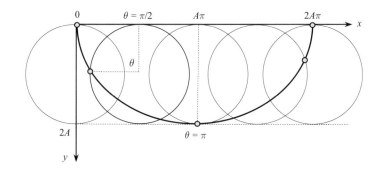

図 1-6 サイクロイド曲線：円がすべることなく回転したときに、円上の点が描く曲線である。図は半径 A の円に対応し、θ は回転角となる。θ が 0 から 2π まで変化すると、円が 1 回転する。

　サイクロイド曲線は、円が x 軸上をすべることなく回転したときに、円上の 1 点が動く軌跡に相当する。図 1-6 では、半径 A の円が 1 周したとき、つまり回転角 θ が 0 から 2π まで変化したときの軌跡を示している。それでは、最速降下曲線の微分方程式の解がサイクロイド曲線となることを確かめてみよう。

1.5. 最速降下曲線問題の解

　図 1-4 に示した最速降下曲線の設定で、$y=0$ を始点とし、曲線の下向き方向を y の正方向としている。よって、y の範囲は $y \geq 0$ となる。
　また、y' は実数であるので、根号内は正でなければならないから

$$2A - y \geq 0 \qquad より \qquad 0 \leq y \leq 2A$$

が y の定義域となる。
　さらに、運動初期では、x の増加にともない y も増加することから、$y' > 0$ となるので、微分方程式としては

$$y' = \sqrt{\frac{2A - y}{y}}$$

を考える。

ここで、つぎのような変数変換を行う。
$$y = A - A\cos\theta$$
すると、θ は図 1-6 の回転角に対応する。よって、$\theta = 0$ のとき $y = 0$、$\theta = \pi$ のとき $y = 2A$ となる。また、$\theta = 2\pi$ で 1 周し $y = 0$ となる。また、$-1 \le \cos\theta \le 1$ であるから y の範囲は、$0 \le y \le 2A$ となる。

演習 1-12　$y = A - A\cos\theta$ としたとき、上記の微分方程式を満足する x を求めよ。

解）
$$y' = \sqrt{\frac{2A - y}{y}} = \sqrt{\frac{A + A\cos\theta}{A - A\cos\theta}} = \sqrt{\frac{1 + \cos\theta}{1 - \cos\theta}}$$

となるが、倍角の公式
$$\cos\theta = 2\cos^2\left(\frac{\theta}{2}\right) - 1 = 1 - 2\sin^2\left(\frac{\theta}{2}\right)$$

を使うと
$$y' = \frac{dy}{dx} = \sqrt{\frac{1 + \cos\theta}{1 - \cos\theta}} = \sqrt{\frac{2\cos^2(\theta/2)}{2\sin^2(\theta/2)}}$$

となる。ところで、いま考えているのは $y' > 0$ の領域であった。この範囲は
$$0 \le \theta \le \pi$$

となり、サイクロイド曲線が最下点に達するまでの領域となる。

このとき、$\sin(\theta/2) \ge 0$, $\cos(\theta/2) \ge 0$ となり
$$y' = \sqrt{\frac{2\cos^2(\theta/2)}{2\sin^2(\theta/2)}} = \frac{\cos(\theta/2)}{\sin(\theta/2)}$$

となる。よって
$$dy = \frac{\cos(\theta/2)}{\sin(\theta/2)} dx \qquad \text{から} \qquad \frac{dy}{d\theta} = \frac{\cos(\theta/2)}{\sin(\theta/2)} \frac{dx}{d\theta}$$

となる。ここで $dy/d\theta = A\sin\theta$ なので
$$\frac{\cos(\theta/2)}{\sin(\theta/2)} \frac{dx}{d\theta} = A\sin\theta = 2A\sin\left(\frac{\theta}{2}\right)\cos\left(\frac{\theta}{2}\right)$$

したがって

$$\frac{dx}{d\theta} = 2A\sin^2\left(\frac{\theta}{2}\right) = A(1 - \cos\theta)$$

となり、θ に関して積分すると

$$x = \int A(1 - \cos\theta)\,d\theta = A(\theta - \sin\theta) + C$$

となる。ただし、C は積分定数である。

　ここで初期条件から $\theta = 0$ のとき $x = 0$ であるから $C = 0$ となり

$$x = A(\theta - \sin\theta)$$

となる。

　したがって、求める解は θ を媒介変数として

$$x = A(\theta - \sin\theta) \qquad y = A(1 - \cos\theta)$$

と与えられる。

　これが、サイクロイド曲線の式である。$0 \le \theta \le \pi$ の範囲をグラフにすると図1-7のようになる。この範囲は、始点から最下点までの範囲となる。

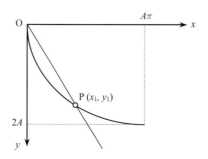

図1-7　最速降下曲線はサイクロイド曲線となる。

　ところで、微分方程式には

$$y' = -\sqrt{\frac{2A - y}{y}}$$

もある。これは、曲線の傾きが負になる場合であり、サイクロイド曲線の最下点

を通過したのち、上昇に転じた状態に相当する。そして、対応する回転角は

$$\pi \leq \theta \leq 2\pi$$

となる。この範囲では

$$\cos\left(\frac{\theta}{2}\right) \leq 0 \qquad \sin\left(\frac{\theta}{2}\right) \geq 0$$

となるので

$$y' = -\sqrt{\frac{2A-y}{y}} = -\sqrt{\frac{A+A\cos\theta}{A-A\cos\theta}} = -\sqrt{\frac{2\cos^2(\theta/2)}{2\sin^2(\theta/2)}} = \frac{\cos(\theta/2)}{\sin(\theta/2)}$$

となり、結局、導関数のかたちそのものは $0 \leq \theta \leq \pi$ と同じとなる。

よって $0 \leq \theta \leq 2\pi$ の範囲で、微分方程式は

$$y' = \frac{\cos(\theta/2)}{\sin(\theta/2)}$$

となる。

ここで、点 P が $\pi \leq \theta \leq 2\pi$ の範囲に位置する場合には、最速降下曲線は、図 1-8 に示すように、サイクロイド曲線の最下点を過ぎて上昇に転じた領域に入る。直感で考えると不思議ではあるが、このような経路をたどるのである。

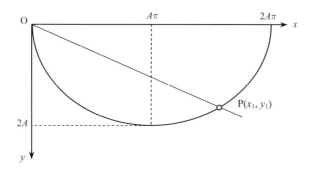

図 1-8　$\pi \leq \theta \leq 2\pi$ の領域に点 P がある場合の最速降下曲線

1.6.　懸垂曲線

最後に、変分問題としてよく登場する**懸垂曲線** (Catenary) についても紹介し

ておこう。これは、ひもの両端を固定してつるしたときに、どのような形状をとるかを求める問題の解である。

　図 1-9 のように高さ h [m] のところに幅 $2d$ [m] でひもをつるす。このとき固定点の座標は $(-d, h)$ と (d, h) となる。

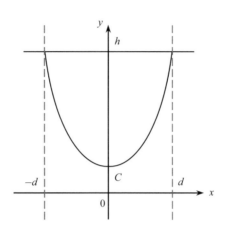

図 1-9　ひもをつるしたときに得られる曲線が懸垂曲線である。

　このとき、つるされたひもが描く曲線が懸垂曲線である。それでは、この曲線を求めるための微分方程式を求めてみよう。

　図 1-10 に示すように、ひもの線素には鉛直方向に重力が働いている。ここで、線素の長さを ds [m]、線密度を σ [kg/m] とすると、質量は $m = \sigma ds$ [kg] となる。重力加速度を g [m/s²] とすれば、重力 F は

$$F = mg = (\sigma ds)g = \sigma g ds \quad \text{[N]}$$

となる。

　この値は、ひも全体にわたって均一である。それでは、ひもをつるしたときに、その形状によって何が変化するのであろうか。それは位置エネルギーである。ここで、y の高さに位置する線素の位置エネルギー U は

$$U = mgy = (\sigma ds)gy = \sigma g y ds \quad \text{[J]}$$

と与えられる。

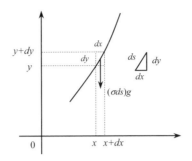

図 1-10　高さ y [m] の位置にある線素の質量 m が σds [kg] であるとき、その位置エネルギーは $U = mgy = \sigma gy\,ds$ [J] と与えられる。

位置エネルギーが低いほど安定と考えられるので、この総和、つまり

$$I = \int \sigma g\, y\, ds$$

がもっとも小さくなる形状が求める懸垂曲線となるはずである。ここで

$$ds^2 = dx^2 + dy^2$$

から

$$ds = \sqrt{1 + \left(\frac{dy}{dx}\right)^2}\, dx$$

となるので

$$I[y] = \sigma g \int_{-d}^{d} y \sqrt{1 + \left(\frac{dy}{dx}\right)^2}\, dx = \sigma g \int_{-d}^{d} y \sqrt{1 + (y')^2}\, dx$$

という積分汎関数が極小をとるという条件を満たす関数 $y = y(x)$ を求めればよいことになる。

演習 1-13　つぎの積分汎関数が、$x = -d$ および $x = d$ のとき $y = h$ となる境界条件下で、極小を示す条件を導出せよ。

$$I[y] = \int_{-d}^{d} y \sqrt{1 + (y')^2}\, dx$$

解） この問題を解くには

$$L(y, y') = y\sqrt{1 + (y')^2} = y\left\{1 + (y')^2\right\}^{\frac{1}{2}}$$

をオイラー方程式に代入すればよい。

いまの場合 $L = L(y, y')$ であるから、ベルトラミの公式

$$L(y, y') - y'\frac{\partial L(y, y')}{\partial y'} = C$$

を使うことができる。ただし、C は定数である。

ここで

$$\frac{\partial L(y, y')}{\partial y'} = y\frac{1}{2}\left[\left\{1 + (y')^2\right\}^{-\frac{1}{2}} \cdot 2y'\right] = \frac{y\,y'}{\sqrt{1 + (y')^2}}$$

であるから

$$y\sqrt{1 + (y')^2} - \frac{y(y')^2}{\sqrt{1 + (y')^2}} = C$$

となる。変形すると

$$y = C\sqrt{1 + (y')^2} \qquad \text{となり} \qquad y^2 = C^2\left\{1 + (y')^2\right\}$$

から

$$y' = \frac{dy}{dx} = \pm\frac{\sqrt{y^2 - C^2}}{C}$$

となる。これを変形して

$$dx = \pm\frac{C\,dy}{\sqrt{y^2 - C^2}}$$

から、結局

$$x = \pm\int\frac{C\,dy}{\sqrt{y^2 - C^2}}$$

となる。

この結果は、懸垂曲線が左右対称となることを反映したものである。また、定数項は、$C > 0$ としてよいこともわかる。

　この積分は、**双曲線関数** (hyperbolic function) を利用すると解法できることが知られている。

コラム　双曲線関数とは

$$\sinh t = \frac{e^t - e^{-t}}{2} \qquad \cosh t = \frac{e^t + e^{-t}}{2}$$

のように指数関数によって定義できる関数であり

$$\cosh^2 t - \sinh^2 t = 1$$

という関係を有する。$\cosh t = x,\ \sinh t = y$ と置くと

$$x^2 - y^2 = 1$$

のように双曲線となる。これが双曲線関数という名の由来である。

　また、微分については

$$\frac{d}{dt}(\sinh t) = \frac{d}{dt}\left(\frac{e^t - e^{-t}}{2}\right) = \frac{e^t + e^{-t}}{2} = \cosh t$$

$$\frac{d}{dt}(\cosh t) = \frac{d}{dt}\left(\frac{e^t + e^{-t}}{2}\right) = \frac{e^t - e^{-t}}{2} = \sinh t$$

という対応関係にある。

　双曲線関数のグラフを描くと図 1-11 のようになる。

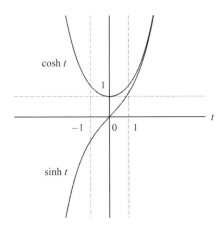

図 1-11　双曲線関数の sinh *t* および cosh *t* のグラフ

図からもわかるように、$\cosh t$ は偶関数で、かつ $\cosh t > 1$ であり、全域にわたって正の値をとる。また、$\sinh t$ は奇関数となる。

演習 1-14 　$y = C\cosh t$ と置いて
$$x = \int \frac{C\,dy}{\sqrt{y^2 - C^2}}$$
を計算せよ。

解）　　$y = C\cosh t$ のとき
$$y^2 - C^2 = C^2(\cosh^2 t - 1) = C^2 \sinh^2 t$$
であり
$$dy = C\sinh t\,dt$$
から
$$x = \int \frac{C\,dy}{\sqrt{y^2 - C^2}} = \int \frac{C^2 \sinh t}{C|\sinh t|}\,dt = \pm \int C\,dt = \pm Ct + B$$

となる。ただし、符号の $+$ は $t \geq 0$, $-$ は $t < 0$ に対応する。また、B は積分定数である。

したがって
$$t = \frac{x - B}{C} \quad (t \geq 0) \qquad t = -\frac{x - B}{C} \quad (t < 0)$$
となる。ただし、$\cosh t$ は偶関数であるから、$\cosh t = \cosh(-t)$ の関係にあるので、結局
$$y = C\cosh\left(\frac{x - B}{C}\right)$$
とまとめることができる。

演習 1-15 　境界条件である $x = d$ および $-d$ のとき $y = h$ から懸垂曲線の表式を求めよ。

解) 境界条件を

$$y = C \cosh\left(\frac{x-B}{C}\right)$$

に代入すると

$$C\cosh\left(\frac{d-B}{C}\right) = h \quad \text{および} \quad C\cosh\left(\frac{-d-B}{C}\right) = h$$

となる。よって

$$\cosh\left(\frac{d-B}{C}\right) = \cosh\left(\frac{-d-B}{C}\right)$$

となるが、この式が成立するのは

$$B = 0$$

のときである。さらに

$$h = C\cosh\left(\frac{d}{C}\right)$$

を満足する C を使えば、求める懸垂曲線は

$$y = C\cosh\left(\frac{x}{C}\right) = C\left(\frac{e^{\frac{x}{C}} + e^{-\frac{x}{C}}}{2}\right)$$

と与えられる。

つまり、懸垂曲線は**双曲線余弦関数** (hyperbolic cosine) となるのである。ちなみに、懸垂曲線の最下点では $x=0$ であるから

$$y = C\left(\frac{e^0 + e^0}{2}\right) = C\frac{2}{2} = C$$

となる。

よって、定数 C は、ひもをつるしたときの最下点の高さに相当する。そして、ひもの長さ ℓ を初期条件として与えれば、C も確定する。

演習 1-16　ひもの全長を ℓ としたときに、定数 C が満たすべきす条件式を求めよ。

解）　ひもの長さは、つぎの式によって与えられる。

$$\ell = \int_{-d}^{d} \sqrt{1+(y')^2}\ dx$$

ここで

$$\frac{dy}{dx} = y' = \frac{d}{dx}\left\{C\cosh\left(\frac{x}{C}\right)\right\} = \sinh\left(\frac{x}{C}\right)$$

となるので

$$\ell = \int_{-d}^{d} \sqrt{1+(y')^2}\ dx = \int_{-d}^{d} \sqrt{1+\sinh^2\left(\frac{x}{C}\right)}\ dx$$

ここで

$$\cosh^2\left(\frac{x}{C}\right) - \sinh^2\left(\frac{x}{C}\right) = 1$$

であり、双曲線余弦関数は

$$\cosh t = \frac{e^t + e^{-t}}{2} > 0$$

かつ偶関数であるから

$$\ell = \int_{-d}^{d} \cosh\left(\frac{x}{C}\right) dx = 2\int_{0}^{d} \cosh\left(\frac{x}{C}\right) dx$$

$$= 2C\left[\sinh\left(\frac{x}{C}\right)\right]_{0}^{d} = 2C\sinh\left(\frac{d}{C}\right)$$

となる。よって、定数 C は、ひもの長さ ℓ と

$$\ell = 2C\sinh\left(\frac{d}{C}\right)$$

という関係が得られる。

　この条件式から、解析的に C の値を求めることはできないが、グラフとして $y = \ell/2C$ と $y = \sinh(d/C)$ を描き、交点から C の値を求めるなどの工夫によって実際の値を求めることはできる。また、$d/C < 1$ ならば、べき級数展開

$$\sinh t = t + \frac{t^3}{3!} + \frac{t^5}{5!} + \dots$$

を利用して

$$\sinh\left(\frac{d}{C}\right) \simeq \frac{d}{C} + \frac{1}{6}\left(\frac{d}{C}\right)^3$$

と近似して計算することもできる。

　さらに、指数関数を使えば

$$\ell = 2C\sinh\left(\frac{d}{C}\right) = C(e^{d/C} - e^{-d/C})$$

となる。つまり、$C = 1$ [m] ならば、ひもの長さは

$$\ell = e^d - e^{-d} = e^d - \frac{1}{e^d}$$

となる。たとえば、$d = 1.5$ [m] のとき

$$\ell = e^{1.5} - \frac{1}{e^{1.5}} \cong 4.482 - 0.223 = 4.259$$

となり、ひもの長さは約 4.26 [m] となる。

1.7.　オイラー方程式の一般式

　積分汎関数の被積分関数は、より一般的には

$$L = L(y, y', x)$$

となるので、オイラー方程式は

$$\frac{\partial L(y, y', x)}{\partial y} - \frac{d}{dx}\left(\frac{\partial L(y, y', x)}{\partial y'}\right) = 0$$

となる。これが一般形である。

　本章で扱った問題では、たまたま変数の少ない

$$L = L(y') \qquad L = L(y, y')$$

というケースであったにすぎない。

　そして、ベラトラミの公式が使えるのは、$L = L(y, y')$ の場合である。ただし、基本は共通であり、$L = L(y, y', x)$ を含めて $L = L(y')$，$L = L(y, y')$ などを上記のオイラー方程式に代入して微分方程式を導出すればよいだけの話である。

　さらに、変数の数は 3 個だけで留まらない。変分法を適用する問題によっては、いくらでも変数の数を増やすことが可能となる。たとえば、対象とする関数

が 2 個ある場合には

$$L = L(y_1, y_1', y_2, y_2', x)$$

となる。

また、3 次元空間の事象を扱い、時間の項も考える必要があるときは

$$L = L(x, y, z, x', y', z', t)$$

となる。ただし、$x' = dx / dt$，$y' = dy / dt$，$z' = dz / dt$ である。

変数が増えると複雑そうにみえるが、基本は、オイラー方程式に代入して、微分方程式を得ればよいだけで変わらない。この点については、第 2 章以降において実際問題を扱う過程で理解が深まるはずである。

以上で、変分法の紹介を終了する。変分法は、関数の極値ではなく、関数のかたちを変えたときの極値問題である。いわば、関数の関数である汎関数の極値問題である。

このため、初学者にはわかりにくいとされている。しかし、じっくり腰を据えて取り組めば理解できるはずだ。

何より、解析力学の重要な方程式は変分法の考えをもとに導入されている。よって、変分法を理解することが、解析力学を理解する第一歩なのである。

補遺 1-1　変分法における y と y' の取り扱い

　変分法の説明をするときに、よく聞かれるのは
$$L = L(y, y')$$
と置いたとき、y と y' を独立変数のように扱っているが、それでよいのかという質問である。まず
$$y = y(x)$$
という関係にあるから、x が独立変数であり、y は従属変数である。

　さらに、y' は明らかに y の関数であるから、あたかも y と相関のない独立変数として扱うことには違和感がある。

　実は、この点は、誰もが疑問に思うことである。そして、変分法でも解析力学でも、当たり前のように、この手法が使われる。(実は、微分方程式の解法でも常套手段となっている。)

　そこで、この手法について簡単に考察してみよう。まず
$$f(x) = ax^2 + bx^3$$
という関数を考える。この関数は、x を独立変数とする普通の関数であり、その微分は
$$\frac{df(x)}{dx} = 2ax + 3bx^2$$
と与えられる。ここで、一工夫を加える。
$$y = x^2 \qquad z = x^3$$
と置いて、$f(x)$ を、y と z の 2 変数関数と考えるのである。すると
$$f(y, z) = ay + bz$$
となる。

演習 A1-1　2 変数関数 $f(y, z) = ay + bz$ を x に関して微分せよ。

解）　$f(y,z)$ の x に関する全微分は

$$\frac{df(y,z)}{dx} = \frac{\partial f(y,z)}{\partial y}\frac{dy}{dx} + \frac{\partial f(y,z)}{\partial z}\frac{dz}{dx}$$

と与えられる。いまの場合

$$\frac{\partial f(y,z)}{\partial y} = a, \quad \frac{\partial f(y,z)}{\partial z} = b$$

となり

$$\frac{dy}{dx} = 2x, \qquad \frac{dz}{dx} = 3x^2$$

であるから、上記の式に代入すると

$$\frac{df(y,z)}{dx} = 2ax + 3bx^2$$

となる。

　このように、$f(x)$ を x の関数とみなして微分したときと、$f(y,z)$ のような2変数関数とみなして微分したとき、両者は同じ結果を与える。

　それでは、つぎに

$$L(x) = ax^3 + 3bx^2$$

という関数を考えてみよう。すると

$$\frac{dL(x)}{dx} = 3ax^2 + 6bx$$

となる。ここで

$$y = x^3$$

と置こう。すると

$$y' = 3x^2$$

となるから

$$L = L(y, y') = a\,y + b\,y'$$

と置ける。

演習 A1-2　2変数関数 $L = L(y, y') = a\,y + b\,y'$ を x に関して微分せよ。

解）　y と y' を独立変数のように扱い、全微分の手法を使うと

$$\frac{d}{dx}L(y,y') = \frac{\partial L(y,y')}{\partial y}\frac{dy}{dx} + \frac{\partial L(y,y')}{\partial y'}\frac{dy'}{dx}$$

となる。いまの場合

$$\frac{\partial L(y,y')}{\partial y} = a, \quad \frac{\partial L(y,y')}{\partial y'} = b$$

となり、$y = x^3$, $y' = 3x^2$ であったから

$$\frac{dy}{dx} = 3x^2, \quad \frac{dy'}{dx} = 6x$$

となるので

$$\frac{d}{dx}L(y,y') = 3ax^2 + 6bx$$

となる。

　このように、$y = y(x)$, $y' = y'(x)$ のように、y も y' も x の関数であり相関があるが、それをあたかも独立変数のように扱っても、L を x のみの関数とみなして微分を求めたときと同じ結果が得られるのである。

　これが、変分法で利用される手法であり、解析力学においても、同様の手法が使われる。実は、数学において微分方程式の解法においてもよく使われる手法である。たとえば

$$\left(\frac{dy}{dx}\right)^2 - (x^2 + y)\frac{dy}{dx} + x^2 y = 0$$

という微分方程式の解法を考える。

$$\frac{dy}{dx} = y'$$

と置けば

$$(y')^2 - (x^2 + y)y' + x^2 y = 0$$

となる。

　このとき $y' = p$ と置いて

$$p^2 - (x^2 + y)p + x^2 y = 0$$

のような方程式をつくる。

演習 A1-3　つぎの 2 次方程式を p について解法せよ。
$$p^2 - (x^2 + y)p + x^2 y = 0$$

解）　与式は因数分解できて
$$(p - x^2)(p - y) = 0$$
となるから
$$p = x^2, \ p = y$$
となる。

微分方程式では、この結果から
$$p = y' = \frac{dy}{dx} = x^2, \quad p = y' = \frac{dy}{dx} = y$$
として
$$y = \frac{1}{3}x^3 + C_1 \quad \text{ならびに} \quad y = C_2\, e^x$$
という解を得る。ただし、C_1, C_2 は定数である。

このように、y' を独立変数 p のように扱う解法が一般的に広く使われるのである。もともと、物理でも速度を v、加速度を a と表記して独立変数のように扱うことが多いが、本来は
$$v = \frac{dx}{dt}, \ a = \frac{dv}{dt} = \frac{d^2 x}{dt^2}$$
のように、位置 x の関数なのである。

第 6 章で紹介するハミルトン形式の解析力学では、位置 x と運動量 p を独立変数のように扱う。このとき、ハミルトニアンと呼ばれる関数を $H = H(x, p)$ のように 2 変数関数として扱う。ただし、実際には、質量を m とすると
$$p = mv = m\frac{dx}{dt}$$
という関係にあり、p は x の関数であるが、x, p を独立変数として数学的処理をしても矛盾のない結果が得られる。

最後に、オイラー方程式では

$$L = L(y, y', x)$$

のように、y, y', x の 3 変数関数として L を取り扱うのが、より一般的という話をした。つまり L が x を陽に含む場合に相当する。たとえば

$$L(x) = ax^3 + 3bx^2 + cx$$

という関数を考える。すると

$$\frac{dL(x)}{dx} = 3ax^2 + 6bx + c$$

となる。ここで、$y = x^3$，$y' = 3x^2$ と置くと、$L = L(y, y', x)$ となり

$$L(y, y', x) = ay + by' + cx$$

となる。このとき、全微分

$$\frac{d}{dx} L(y, y', x) = \frac{\partial L(y, y', x)}{\partial y} \frac{dy}{dx} + \frac{\partial L(y, y', x)}{\partial y'} \frac{dy'}{dx} + \frac{\partial L(y, y', x)}{\partial x} \frac{dx}{dx}$$

$$= \frac{\partial L(y, y', x)}{\partial y} \frac{dy}{dx} + \frac{\partial L(y, y', x)}{\partial y'} \frac{dy'}{dx} + \frac{\partial L(y, y', x)}{\partial x}$$

を計算すれば

$$\frac{dL}{dx} = 3ax^2 + 6bx + c$$

となって、矛盾のない結果が得られる。

　したがって、不思議ではあるが、変分法において y と y' を独立変数のように扱っても、数学的処理としては、まったく問題がないのである。

第 2 章　解析力学事始め
ラグランジアンとラグランジュの運動方程式

　本章から、いよいよ解析力学の導入編に入る。解析力学とは「変分法の手法を力学に応用したもの」と言える。第 1 章で紹介したように、変分法とは、経路の長さや、経路に沿って物体が運動するのに要する時間などを最小にする「経路のかたち」つまり「関数のかたち」を求める手法である。

　それでは、解析力学において最小化する対象は何であろうか。これは**作用** (action) と呼ばれるものであり、作用が最小になるという条件から物体の運動の経路が決まるのである。本章では、作用が何かを説明しながら、解析力学の手法を紹介していく。

2.1.　物体の運動例

　質量 m [kg] のボールを初速 v_0 [m/s] で鉛直上方に投げ上げた場合の、ボールの高さ h [m] と時間 t [s] の関係を通常の力学により求めてみよう。すると

$$h(t) = v_0 t - \frac{1}{2} g t^2$$

という式となる。ただし、g [m/s²] は重力加速度である。また、空気抵抗はないものとする。

　このとき、ボールは最高点 h_m に到達したのち、落下してくる。この運動の様子を、たて軸を $h(t)$、横軸を t として描くと、図 2-1 のようになる。

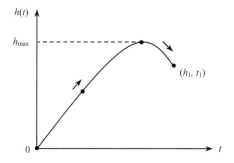

図 2-1　ボールを上方に投げ上げたときの高さ (*h*) と時間 (*t*) の関係。実際の運動ではボールは上下に運動する。横軸を時間としているので、この曲線が運動の軌跡には対応しないことに注意されたい。

この例題において、最高点の高さ h_m と到達時間 t_m を求めてみる。ボールの速さ v [m/s] は

$$v(t) = \frac{dh(t)}{dt} = v_0 - gt$$

となるが、最高到達点では $v = 0$ となることから $t_m = v_0/g$ [s] となり、到達点の高さは

$$h_m = v_0 \left(\frac{v_0}{g} \right) - \frac{1}{2} g \left(\frac{v_0}{g} \right)^2 = \frac{v_0{}^2}{2g} \quad [\text{m}]$$

と与えられる。あるいは

$$h(t) = v_0 t - \frac{1}{2} g t^2 = -\frac{g}{2} \left(t - \frac{v_0}{g} \right)^2 + \frac{v_0{}^2}{2g} = -\frac{g}{2} (t - t_m)^2 + h_m$$

と変形すれば、最高到達点 h_m と、到達時間 t_m をひとつの式にまとめることができる。

2.2.　最小作用の原理

以上が、従来の力学による解法である。それでは、これを変分問題として捉え

たら、どうなるであろうか。

　まず、図 2-2 に示すように、$h-t$ 平面において、鉛直上方に投げ上げたボール
が点 $(0, 0)$ から点 (h_1, t_1) に至る経路を想定する。このように、一般の力学と異
なり、変分法では、始点と終点が境界条件として指定される。これが、大きな違
いである。

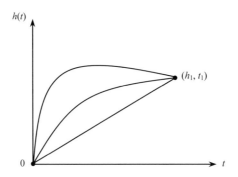

図 2-2　ボールが点 $(0, 0)$ から点 (h_1, t_1) に至る経路。従来の力学問題で
は、ボールは地上に戻ってくるので、$(0, t_2)$ を終点とするが、解析力学で
は、終点は任意であり、高さ h_1 としてもよい。また、この図は $h-t$ 平面で
あるので、実際の運動の軌跡とは異なることに注意されたい。

　これら 2 点を結ぶ経路はたくさん考えられる。ここで、変分法の考えによれ
ば、h と $\dot{h}\,(=dh/dt)$ と t の関数からなる物理量 L があり

$$I[h] = \int_0^{t_1} L(h, \dot{h}, t)\, dt$$

という積分汎関数を最小にするという条件から、経路を与える関数 h のかたち
が決まる。

　ここで注意点がある。本章以降は、物理の慣例にしたがい、変数の時間微分に
対しては $dh/dt = \dot{h}$ という表記を使用する。よって

$$\frac{dy}{dt} = \dot{y} \qquad \frac{d^2y}{dt^2} = \ddot{y} \qquad \frac{d^2h}{dt^2} = \ddot{h}$$

という表記を用いることに注意されたい。

　それでは、この被積分関数の L はいったいどのようなものであろうか。結論から言うと、物体の運動に対応したものは

$$L = T - U$$

となり、ラグランジアン (Lagrangian) と呼ばれている。第 1 項の T は運動エネルギー (kinetic energy)、第 2 項の U はポテンシャルエネルギー (potential energy) である。よって、重力下での運動の場合

$$L = \frac{1}{2}mv^2 - mgh = \frac{1}{2}m(\dot{h})^2 - mgh$$

となる。

　実は、上記の積分 $I[h]$ が、冒頭で紹介した作用 (action) なのである。あるいは、作用積分 (action integral) と呼ぶこともある[2]。

　そして、物体の運動は、作用を最小にする経路をとるということを最小作用の原理 (principle of least action) と呼んでいる。ハミルトンの原理 (Hamilton's principle) あるいはモーペルテュイの原理 (Maupertuis' principle) と呼ぶこともある。ただし、「作用を最小にする」という表現はわかりやすいが、これは変分問題と捉えると正式ではない。変分においては、作用積分を

$$I = \int L\,dt$$

とすると

$$\delta I = \delta\left(\int L\,dt\right) = \delta\int L\,dt = 0$$

という条件を求めることになる。ここで、$\delta I = 0$ となるのは、極小だけではなく、極大を含めて作用 I が停留値をとる条件になるからである。ただし、力学への応用を考えれば、「作用を最小にする」と考えて問題はない。

　ここで、第 1 章のオイラー方程式を復習すると

$$\frac{\partial L(y, y', x)}{\partial y} - \frac{d}{dx}\left(\frac{\partial L(y, y', x)}{\partial y'}\right) = 0$$

であった。

---

[2] 解析力学における作用は、作用積分であり、「作用反作用の原理」などで使われる力の意味での作用とは異なることに注意されたい。

いまの力学問題では

$$L(y, y', x) \quad \rightarrow \quad L(h, \dot{h}, t)$$

という対応関係にあるから、オイラー方程式は

$$\frac{\partial L(h, \dot{h}, t)}{\partial h} - \frac{d}{dt}\left(\frac{\partial L(h, \dot{h}, t)}{\partial \dot{h}}\right) = 0$$

となる。

演習 2-1 オイラー方程式を利用し、h–t 平面においてボールの軌跡を与える微分方程式を求めよ。

解） オイラー方程式は

$$\frac{\partial L(h, \dot{h}, t)}{\partial h} - \frac{d}{dt}\left(\frac{\partial L(h, \dot{h}, t)}{\partial \dot{h}}\right) = 0$$

である。ここで、積分汎関数の被積分関数であるラグランジアンは

$$L(h, \dot{h}, t) = T - U = \frac{1}{2}m(\dot{h})^2 - mgh$$

となる。ここで

$$\frac{\partial L(h, \dot{h}, t)}{\partial h} = \frac{\partial}{\partial h}\left(\frac{1}{2}m(\dot{h})^2\right) - \frac{\partial}{\partial h}(mgh) = -mg$$

$$\frac{\partial L(h, \dot{h}, t)}{\partial \dot{h}} = \frac{\partial}{\partial \dot{h}}\left(\frac{1}{2}m(\dot{h})^2\right) - \frac{\partial}{\partial \dot{h}}(mgh) = m\dot{h}$$

であるので

$$\frac{d}{dt}\left(\frac{\partial L(h, \dot{h}, t)}{\partial \dot{h}}\right) = \frac{d}{dt}(m\dot{h}) = m\frac{d^2h}{dt^2}$$

となる。これらをオイラー方程式に代入すると

$$-mg - m\frac{d^2h}{dt^2} = 0$$

となり、求める微分方程式は

$$g + \frac{d^2 h}{dt^2} = 0$$

となる。

　これが、解析力学の手法である。つまり、物体の運動は、作用積分の極小値を与える経路を通るという変分問題として捉える。そのうえで、オイラー方程式を解けば、運動方程式が得られるのである。ただし、解析力学で主役を演じるのは、被積分関数のラグランジアン $L = T - U$ である。

　あとは、$h(t)$ が $(0, 0)$ と (h_1, t_1) を通るという境界条件を満足するように、解を求めれば、運動の軌跡を求めることができる。

　実際に解法してみると

$$\frac{d^2 h}{dt^2} = -g \qquad \text{を } t \text{ に関して積分すると} \qquad \frac{dh}{dt} = -gt + C_1$$

ただし、C_1 は定数である。さらに、t に関して積分すると

$$h(t) = -\frac{1}{2} gt^2 + C_1 t + C_2$$

となる。ただし、C_2 も定数である。ここで、$h(0) = 0$ という条件から

$$C_2 = 0$$

となる。つぎに $h(t_1) = h_1$ から

$$h(t_1) = -\frac{1}{2} gt_1^2 + C_1 t_1 = h_1 \qquad C_1 = \frac{h_1}{t_1} + \frac{1}{2} gt_1$$

となるが、今の場合、C_1 は初速の v_0 となる。

　ところで $F = mg$ と置くと、オイラー方程式から求めた微分方程式は

$$F = -m \frac{d^2 h}{dt^2}$$

と表記できる。これは、まさにニュートンの運動方程式そのものである。つまり、物体の運動解析を変分問題に置き換えたとき、積分汎関数の被積分関数としてラグランジアン L を導入すれば、運動方程式が得られるのである。

2.3. 慣性運動

それでは、力の働かない場での運動はどうなるだろうか。力が働かないということは、ポテンシャルエネルギーが $U=0$ となる。とすれば、この場合のラグランジアンは

$$L = T - U = \frac{1}{2}mv^2 = \frac{1}{2}m(\dot{x})^2$$

となる。つまり $L = L(\dot{x})$ の場合に相当する。

ここで、作用積分は

$$I = \int_0^{t_1} L(x,\dot{x},t)\,dt = \int_0^{t_1} \frac{1}{2}m(\dot{x})^2\,dt$$

となる。

演習 2-2 ラグランジアン $L = (1/2)m(\dot{x})^2$ に対応したオイラー方程式をもとに、慣性運動の微分方程式を求めよ。

解) オイラー方程式は

$$\frac{\partial L(\dot{x})}{\partial x} - \frac{d}{dt}\left(\frac{\partial L(\dot{x})}{\partial \dot{x}}\right) = 0$$

となる。まず、L は変数 x を含まないので

$$\frac{\partial L(\dot{x})}{\partial x} = 0$$

である。したがって、オイラー方程式は

$$\frac{d}{dt}\left(\frac{\partial L(\dot{x})}{\partial \dot{x}}\right) = \frac{d}{dt}(m\dot{x}) = 0$$

となる。結局

$$m\frac{d\dot{x}}{dt} = m\ddot{x} = m\frac{d^2x}{dt^2} = 0$$

という微分方程式が得られる。

これは、加速度 d^2x/dt^2 が 0 ということを意味しており、等速度運動に対応する。つまり、慣性運動（力の働かない場での運動）においては、物体は始点から終点までを一定の速度で運動することになる。

ところで、ニュートン力学に慣れ親しんだひとからは、どうして作用積分などというものを、わざわざ導入する必要があるのかと疑問に思われるかもしれない。そこで、作用積分について少し紹介しておきたい。

2. 4.　作用積分

最小作用の原理は、1747 年にフランスの数学者である**モーペルテュイ** (P. L. M. Maupertuis) によって考案されたものである。彼は、質量 m [kg] の物体の運動の軌跡は

$$I = \int mv^2 dt$$

という積分を最小にするものであるという考えを提唱した。この式は、ラグランジアンを運動エネルギーの 2 倍の $2T$ と置いたものである。

実は、この積分は、最小作用として直感でわかりやすい。運動エネルギー (T) を時間で積算したもの、つまり、エネルギー総消費量が最も小さくなる経路において、作用が最小となると考えればよいからである。

最小作用の原理の出発点は、作用積分が

$$I = \int 2T\, dt$$

のように、運動エネルギー（の 2 倍）を時間で積算したものであり、これが最小となる（停留値をとる）条件として

$$\delta I = \delta \int 2T\, dt = 0$$

が導かれたのである。

コラム　なぜ $2T$ なのか
　もともと、モーペルテュイが提唱した作用は

$$I = \int mv\,dx$$

のように、運動量 $p = mv$ の距離に関する積分のかたちをしていた。

ここで積分変数を x から t に変換すると

$$\int mv\,dx = \int mv\left(\frac{dx}{dt}\right)dt = \int mv^2\,dt$$

となる。つまり、作用は

$$I = \int mv\,dx = \int 2T\,dt$$

となる。よって、I の被積分関数は T ではなく $2T$ となるのである。

ここで、作用は

$$I = \int mv^2\,dt = \int mv\,dx = \int p\,dx$$

と与えられるが、x を q と表記して

$$I = \int p\,dq$$

という積分が、q–p 平面における**作用積分** (action integral) として広く採用されている。詳細は第 6 章で紹介する。

このように、作用積分の一般形は、運動量 p の位置 q に関する積分となる。さらに、作用積分の単位は、エネルギーに時間を乗じた Et で [J·s] となる。なお、p と q で運動を記述する手法は、第 5 章で紹介するハミルトン形式の解析力学に引き継がれ、量子力学の基本となっていることも付記しておきたい。

2. 5. なぜ $L = T - U$ なのか

モーペルテュイの提唱した最小作用の原理を基本に考えた場合、一般の運動（ポテンシャルエネルギーが存在し、力が働く運動）においては、何が被積分関数としてふさわしいのであろうか。直観的に考えれば、消費するエネルギーと考えられるが、いかがであろうか。

その場合のエネルギーは、**運動エネルギー** (*T*: kinetic energy) に**ポテンシャルエネルギー** (*U*: potential energy) を加えたものであり

$$E = T + U = \frac{1}{2}m(\dot{x})^2 + mgx$$

が作用積分の被積分関数の候補となる。そして、系のエネルギー消費を最小とする経路を物体は選んで運動すると考えればわかりやすい。

結論から言うと、総エネルギー *E* は残念ながらラグランジアン *L* としては使えないのである。なぜなら、**エネルギー保存則** (law of conservation of energy) により、$E = T + U$ の値は、どのような経路をとっても常に一定となるからである。

それでは、どのような量をラグランジアン *L* に採用すればよいのであろうか。物体の運動において総エネルギー ($E = T + U$) は一定に保たれている。よって、この値は変化しない。しかし、その成分である運動エネルギー *T* とポテンシャルエネルギー *U* は双方が変化しながら運動している。ここがポイントとなる。

その際、運動エネルギー *T* だけが急激に変化したり、ポテンシャルエネルギー *U* だけが急激に変化することはあり得ず、両者のエネルギーのバランスをとりながら物体は運動するものと考えられる。

これを具体例で考えてみよう。図 2-3 に示すように、重力場では、高い位置にある物体は、ポテンシャルエネルギー *U* が大きい。

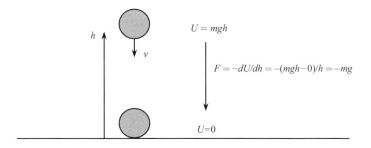

図 2-3　高い位置にある物体は、ポテンシャルエネルギー*U* が大きい。よって、低い位置に移動しようとする。しかし、瞬時に移動すると、運動エネルギー $T = (1/2)\,mv^2$ が無限大になるため、有限の時間で移動する。そして、この時間は、これらエネルギーバランスによって決まる。それがちょうど $L = T - U$ の積分を最小にする経路となる。

この状態は、一般には不安定であり、物体は、より低い位置に移動しようとする。別の視点でみれば U が低い方向に力が働き、物体が移動するのである。このとき、力は

$$F = -\frac{dU}{dx}$$

という微分によって与えられる。負の符号がつくのは、ポテンシャル場では、U が高い方から低い方へと力が働くことに対応している。高所で物体を離すと地面に落下する現象は、U が低下して、より安定な状態に移行しようとする現象と捉えることもできる。

　ところで、もし地面にあるほうがポテンシャルエネルギー U が低く、エネルギー的に安定というのであれば、物体は瞬時に高所から低所に移動したほうがエネルギー的に得をすると考えられるがどうであろうか。

　実は、自然現象はそうはならない。その理由は、高速の移動には運動エネルギー T の増大を伴うからである。つまり、移動時間が短いと $T = (1/2)\, mv^2$ の速度成分 v が大きくなり、運動エネルギーの急激な上昇を招く。よって、エネルギーバランスで見ると、ポテンシャルエネルギー U では得をしても、運動エネルギー T の項で損をすることになる。

　したがって、両者の差である $T-U$ が大きくならないような経路に沿って、物体は移動するものと考えられるのである。つまり、$T-U$ が、ポテンシャルのもとでの運動におけるラグランジアン L となるのである。

　実は、自然界には、「すべての現象は急激な変化を嫌う」という基本法則がある。動いている物体は急には止まれないし、車は直角には曲がれずに、必ず大回りする。状態が変化する場合も緩和時間が必要となる。

　ポテンシャル場におけるラグランジアンが $L = T-U$ となるのも、「自然は急激な変化を嫌う」という法則を反映し、T と U のバランスがくずれないように、つまり、どちらかが急激に上昇あるいは減少することがないように、その差の積算を最小にするような経路を選ぶと考えられるのである[3]。

　変分法においては

---

[3] この考えは著者らのものであり、一般に広く受け入れられているものではない。オイラー方程式から、ニュートンの運動方程式が得られるような関数を探すと $L = T-U$ となったという考えもある。これについては、第3章でも紹介する。

$$\delta \int L\, dt = \delta \int (T - U)\, dt = \delta \int T\, dt - \delta \int U\, dt = 0$$

が停留値を与える条件である。つまり

$$\delta \int T\, dt = \delta \int U\, dt$$

となり、運動エネルギー T と位置エネルギー U の変分が一致する経路を物体は運動することになる。これが上記の考えの根拠である。

　それでは、$L = T - U$ をもとに運動方程式を求める手法を実践で確かめてみよう。

演習 2-3　バネにつながれた質量 m [kg] の物体の運動をラグランジアンを用いて解析し、その運動に対応した微分方程式を導出せよ。ただし、バネ定数を k [N/m] とする。

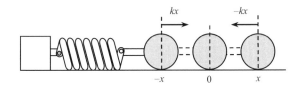

図 2-4　バネの運動

　解）　この系の運動エネルギー T を求めてみよう。平衡点である $x = 0$ [m] からの変位を x [m] とすると、運動エネルギーは

$$T = \frac{1}{2} m (\dot{x})^2$$

となる。ただし、$\dot{x} = dx/dt$ である。

　つぎに、バネに働く力は、フックの法則[4]によれば $F = -kx$ であるから、ポテ

---

[4] バネの復元力 F [N] が、バネの変位 x [m] に比例するとき、$F = -kx$ と書ける。**フックの法則** (Hook's law) である。このときの比例定数 k をバネ定数と呼んでいる。

ンシャルエネルギー U は、$x = 0$ のとき $U = 0$ とすると

$$U = -\int_0^x F\,dx = \int_0^x kx\,dx = \frac{1}{2}kx^2$$

となる。したがって、ラグランジアン L は

$$L = T - U = \frac{1}{2}m(\dot{x})^2 - \frac{1}{2}kx^2 = L(x, \dot{x})$$

となる。系のラグランジアン L が得られたので、後は、オイラー方程式

$$\frac{\partial L(x, \dot{x})}{\partial x} - \frac{d}{dt}\left(\frac{\partial L(x, \dot{x})}{\partial \dot{x}}\right) = 0$$

に代入すればよい。

　いまの場合

$$\frac{\partial L(x, \dot{x})}{\partial x} = -kx \qquad \frac{\partial L(x, \dot{x})}{\partial \dot{x}} = m\dot{x}$$

となり、オイラー方程式に代入すると

$$-kx - \frac{d}{dt}\{m(\dot{x})\} = 0$$

から

$$m\frac{d^2 x}{dt^2} = -kx$$

という微分方程式が得られる。

　これは、まさに単振動に対応した微分方程式であり、初期条件などを入れて、この方程式を解法すれば、運動の様子が解析できる。

2.6. ラグランジュの運動方程式

　オイラー方程式は、変分法において、積分汎関数の停留値を与える関数を求める微分方程式である。このオイラー方程式を、力学に応用したものが、ラグランジュの運動方程式である。

　このとき、積分汎関数における被積分関数を、ラグランジアンの $L = T - U$ としてオイラー方程式に代入すると

$$\frac{\partial L(x,\dot{x},t)}{\partial x} - \frac{d}{dt}\left(\frac{\partial L(x,\dot{x},t)}{\partial \dot{x}}\right) = 0$$

という方程式が得られる。

　項を入れかえると

$$\frac{d}{dt}\left(\frac{\partial L(x,\dot{x},t)}{\partial \dot{x}}\right) - \frac{\partial L(x,\dot{x},t)}{\partial x} = 0$$

となるが、この式を**ラグランジュの運動方程式** (Lagrange's equation of motion) と呼んでいる。

　さらに、多くの場合、L の 3 変数は省略して

$$\frac{d}{dt}\left(\frac{\partial L}{\partial \dot{x}}\right) - \frac{\partial L}{\partial x} = 0$$

と表記されることも多い。

　もちろん、オイラー方程式と呼んでもよいのであるが、解析力学では、ラグランジュの運動方程式という呼称を使うのが、より一般的である。単に、**ラグランジュ方程式** (Lagrange's equation) と呼ぶこともある。そして、すでに紹介したように、この式を変形すると、**ニュートンの運動方程式** (Newton's equation of motion) が導かれる。

　また、一般の物体の運動は 3 次元空間で生じるので、ラグランジュの運動方程式は

$$\frac{d}{dt}\left(\frac{\partial L}{\partial \dot{x}}\right) - \frac{\partial L}{\partial x} = 0 \qquad \frac{d}{dt}\left(\frac{\partial L}{\partial \dot{y}}\right) - \frac{\partial L}{\partial y} = 0$$

$$\frac{d}{dt}\left(\frac{\partial L}{\partial \dot{z}}\right) - \frac{\partial L}{\partial z} = 0$$

の 3 個が必要となる。

　これは、3 次元空間の運動では、$x = x(t)$, $y = y(t)$, $z = z(t)$ のように、3 方向の時間変化を求めないと、物体の運動を記述できないからである。この 3 のことを**自由度** (degree of freedom) と呼んでいる。さらに、この場合のラグランジアンの変数を省略せずに書けば

$$L = L(x,\dot{x},y,\dot{y},z,\dot{z},t)$$

となる。

　それでは、ラグランジュの運動方程式を、実際の力学問題に適用してみよう。

まずは、力学の基本である**放物運動** (parabolic motion) を取り上げてみよう。

2.7. 放物運動

放物運動 とは、質量が m[kg] のボールを地面から斜め上方向に投げ上げる場合の運動である。ただし、空気抵抗はないものとする。また、重力加速度を g[m/s^2] とする。運動の様子は、図 2-5 のようになり、物体は放物線を描くことになる。

2 次元の運動であるので、水平方向の $x = x(t)$ と、鉛直方向の $y = y(t)$ の 2 方向の時間変化を求める必要がある。

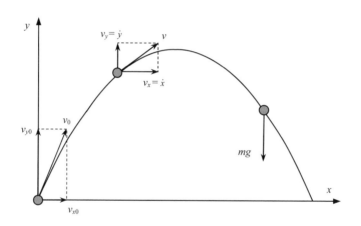

図 2-5　重力下における物体の放物運動

この運動のラグランジアンを考えてみよう。

$$v^2 = v_x^{\,2} + v_y^{\,2} = (\dot{x})^2 + (\dot{y})^2$$

であるから

$$L = T - U = \frac{1}{2}mv^2 - mgy = \frac{1}{2}m(\dot{x})^2 + \frac{1}{2}m(\dot{y})^2 - mgy$$

と与えられる。つまり

$$L = L(\dot{x}, y, \dot{y})$$

となる。

　ここで、x 方向でのラグランジュの運動方程式は

$$\frac{d}{dt}\left(\frac{\partial L(\dot{x},y,\dot{y})}{\partial \dot{x}}\right)-\frac{\partial L(\dot{x},y,\dot{y})}{\partial x}=0$$

となる。ここで

$$\frac{\partial L(\dot{x},y,\dot{y})}{\partial \dot{x}}=m\dot{x}\qquad \frac{\partial L(\dot{x},y,\dot{y})}{\partial x}=0$$

であるから

$$\frac{d}{dt}(m\dot{x})=0\qquad \frac{d^2x}{dt^2}=0$$

となる。

　y 方向のラグランジュの運動方程式は

$$\frac{d}{dt}\left(\frac{\partial L(\dot{x},y,\dot{y})}{\partial \dot{y}}\right)-\frac{\partial L(\dot{x},y,\dot{y})}{\partial y}=0$$

となる。ここで

$$\frac{\partial L(\dot{x},y,\dot{y})}{\partial \dot{y}}=m\dot{y}\qquad \frac{\partial L(\dot{x},y,\dot{y})}{\partial y}=-mg$$

であるから

$$\frac{d}{dt}(m\dot{y})+mg=0\qquad \frac{d^2y}{dt^2}=-g$$

となる。

　後は、初期条件と境界条件を与えて、これら微分方程式を解法すれば、物体の放物運動の軌道を計算することが可能となる。

演習 2-4　質量が m[kg] のボールを地面から仰角 θ(rad) ($0\leq\theta\leq\pi/2$)、初速 v_0 [m/s] で投げ上げる場合の放物運動の速度と軌道を解析せよ。ただし、空気抵抗はないものとし、重力加速度を g [m/s²] とする。

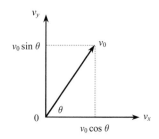

図 2-6　仰角 θ の方向に初速 v_0 で投げ上げたときの初速の成分

解）　x 方向の微分方程式は

$$\frac{d^2x}{dt^2} = 0$$

となる。これは、加速度が 0 となることを意味し、速度 v_x は変化しないことになる。ここで、図 2-6 に示すように x 方向の初速は $v_0 \cos\theta\,[\mathrm{m/s}]$ であるが、速度が一定であることから

$$v_x(t) = \frac{dx}{dt} = v_0 \cos\theta \qquad となり \qquad x(t) = (v_0 \cos\theta)t$$

と与えられる。一方、y 方向の微分方程式は

$$\frac{d^2y}{dt^2} = -g$$

となり、等加速度運動となる。初速が $v_0 \sin\theta\,[\mathrm{m/s}]$ であるから、速度 v_y は

$$v_y(t) = \frac{dy}{dt} = -gt + v_0 \sin\theta$$

となる。また、$t = 0\,[\mathrm{s}]$ での高さは $y = 0\,[\mathrm{m}]$ なので

$$y(t) = \int (-gt + v_0 \sin\theta)\,dt = -\frac{1}{2}gt^2 + (v_0 \sin\theta)t$$

となる。

　したがって、この放物運動の速度ベクトルと位置ベクトルは

$$\vec{v} = \begin{pmatrix} v_0 \cos\theta \\ -gt + v_0 \sin\theta \end{pmatrix} \qquad \vec{r} = \begin{pmatrix} (v_0 \cos\theta)t \\ -(1/2)gt^2 + (v_0 \sin\theta)t \end{pmatrix}$$

と与えられる。

　ここで、ラグランジュの運動方程式の利点に気づいたであろうか。まず、ラグランジアン L は**スカラー** (scalar) であるので、方向性を持たないという点である。このため、L は比較的簡単に導出することができる。

　いまの場合は 2 次元の運動を考えたが、3 次元の運動の場合でも同様である。そして、いったん、L がわかれば、後は、同じかたちの微分方程式を x, y, z 成分ごとに計算すればよいことになる。後ほど説明するが、実は、直交座標系だけでなく、他の座標系においても、まったく同様の取り扱いが可能となるのである[5]。これは、ニュートンの運動方程式が、ベクトルである力のつり合いを基本とするのに対し、ラグランジアンはスカラーであり、その極値を与える条件が座標系に依らないためである。

　その形式を見ると、ラグランジュの運動方程式は、2 次元の直交座標では

$$\frac{d}{dt}\left(\frac{\partial L}{\partial \dot{x}}\right) - \frac{\partial L}{\partial x} = 0 \qquad \frac{d}{dt}\left(\frac{\partial L}{\partial \dot{y}}\right) - \frac{\partial L}{\partial y} = 0$$

となるが、2 次元の極座標 (r, θ) 系では

$$\frac{d}{dt}\left(\frac{\partial L}{\partial \dot{r}}\right) - \frac{\partial L}{\partial r} = 0 \qquad \frac{d}{dt}\left(\frac{\partial L}{\partial \dot{\theta}}\right) - \frac{\partial L}{\partial \theta} = 0$$

となって、まったく同じかたちをしている。このように、ラグランジュの運動方程式は座標系に依存しない。2 次元の直交座標と極座標の関係については、補遺2-1 を参照いただきたい。

　さらに 3 次元の場合、直交座標では

$$\frac{d}{dt}\left(\frac{\partial L}{\partial \dot{x}}\right) - \frac{\partial L}{\partial x} = 0 \qquad \frac{d}{dt}\left(\frac{\partial L}{\partial \dot{y}}\right) - \frac{\partial L}{\partial y} = 0$$

$$\frac{d}{dt}\left(\frac{\partial L}{\partial \dot{z}}\right) - \frac{\partial L}{\partial z} = 0$$

---

[5] 解析力学では、ラグランジュ方程式の基本的なかたちが座標系に依存しないという利点については、第 4 章の「一般化座標」でも説明する。

となるが、極座標 (r, θ, ϕ) 系では

$$\frac{d}{dt}\left(\frac{\partial L}{\partial \dot{r}}\right) - \frac{\partial L}{\partial r} = 0 \qquad\qquad \frac{d}{dt}\left(\frac{\partial L}{\partial \dot{\theta}}\right) - \frac{\partial L}{\partial \theta} = 0$$

$$\frac{d}{dt}\left(\frac{\partial L}{\partial \dot{\phi}}\right) - \frac{\partial L}{\partial \phi} = 0$$

となって、座標系が変わっても、方程式の形式が変わらない。この汎用性の高さが、解析力学の大きな利点となっている。

　これに対し、ニュートンの運動方程式は座標系に依存する。そのため、補遺 2-1 に示すように、直交座標と極座標では式のかたちが大きく異なるのである。

　それでは、ラグランジュの運動方程式を実際問題に適用してみよう。まずは、**単振り子** (simple pendulum) を取りあげる。

2.8. 単振り子

　ひもの先端に**錘り** (weight) をつけて、他端を固定し、鉛直面内で振らせる振り子を単振り子と呼ぶ。錘りは支点を中心とし、半径をひもの長さとした円周上を運動する。

　図 2-7 に示したように、点 O に固定された長さ ℓ [m] のひもの先に質量 m [kg] のおもり P をつるしたとしよう。このとき、重力加速度を g [m/s²] とすると、錘りには鉛直下向き方向に mg [N] の力が働くことになる。

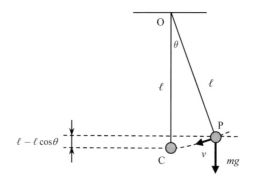

図 2-7　単振り子運動

66

演習 2-5　図 2-7 に示した単振り子の運動のラグランジアン $L = T - U$ を求めよ。

解)　まず、単振り子の運動エネルギー T を求める。そのためには、錘りの速さを求める必要がある。この錘りは、半径が ℓ の円周上を運動する。よって、この円に沿った速さ v を求めてみよう。

図 2-7 に示すように、錘りが最下点の C から角度 θ [rad] だけ変位した状態を考える。ここで、弧 CP の長さを s [m] とすると

$$s = \ell\theta$$

となる。

したがって、この錘りの円周に沿った速さ v は

$$v = \frac{ds}{dt} = \ell\frac{d\theta}{dt} = \ell\dot{\theta}$$

と与えられる。よって、運動エネルギー T は

$$T = \frac{1}{2}mv^2 = \frac{1}{2}m\ell^2\dot{\theta}^2$$

となる。

つぎに、この錘りのポテンシャルエネルギー U を求めてみよう。最下点である点 C を $U = 0$ の基準点とすると、角度 θ だけ離れた点にある錘りは、図 2-7 からわかるように

$$U = mg\ell(1 - \cos\theta)$$

だけ高いポテンシャルエネルギーを有する。

したがって、ラグランジアンは

$$L = T - U = \frac{1}{2}m\ell^2(\dot{\theta})^2 - mg\ell(1 - \cos\theta)$$

となる。この場合のラグランジアンは、θ と $\dot{\theta}$ の関数となり $L(\theta,\dot{\theta})$ となる。後はオイラー方程式に代入すれば、運動が解析できる。

演習 2-6　ラグランジアン

$$L(\theta,\dot{\theta}) = \frac{1}{2}m\ell^2\dot{\theta}^2 - mg\ell(1 - \cos\theta)$$

に対応した運動方程式を導出せよ。

解） オイラー方程式は

$$\frac{d}{dt}\left(\frac{\partial L(\theta,\dot{\theta})}{\partial\dot{\theta}}\right)-\frac{\partial L(\theta,\dot{\theta})}{\partial\theta}=0$$

となる。ここで

$$\frac{\partial L(\theta,\dot{\theta})}{\partial\dot{\theta}}=m\ell^2\dot{\theta}\qquad\frac{\partial L(\theta,\dot{\theta})}{\partial\theta}=-mg\ell\sin\theta$$

であるから、ラグランジュの運動方程式は

$$\frac{d}{dt}(m\ell^2\dot{\theta})+mg\ell\sin\theta=0$$

となり、整理すると

$$\frac{d^2\theta}{dt}=-\frac{g}{\ell}\sin\theta$$

となる。

これは、ニュートン力学で求めた単振り子の運動方程式と同じものである。ここで、ポテンシャルエネルギー U について少し考えてみよう。いまの場合、最下点 C を基準としたが、支点 O を $U=0$ の基準点にとることも可能である。この場合のポテンシャルエネルギーは

$$U=-mg\ell\cos\theta$$

となり、ラグランジアンは

$$L(\theta,\dot{\theta})=\frac{1}{2}m\ell^2\dot{\theta}^2+mg\ell\cos\theta$$

となる。ここで θ に関する偏微分は

$$\frac{\partial L(\theta,\dot{\theta})}{\partial\theta}=-mg\ell\sin\theta$$

となり、同じ結果が得られる。

得られた微分方程式は、左辺が θ の関数、右辺が $\sin\theta$ の関数となっており代数方程式ではなく、**超越方程式** (transcendental equation) と呼ばれており、このままでは解析的に解くことが難しい。このため、θ が小さい場合には

$$\sin\theta\cong\theta$$

という近似式を利用する。すると、微分方程式は

$$\frac{d^2\theta}{dt} = -\frac{g}{\ell}\theta$$

となり

$$\omega^2 = \frac{g}{\ell}$$

と置くと、よく知られた単振動の方程式

$$\frac{d^2\theta}{dt} = -\omega^2\theta$$

となり、解は

$$\theta = \theta_0\cos(\omega t)$$

と与えられる。ここで、θ_0 は初期の振り上げ角である。より一般的には、α を定数として

$$\theta = \theta_0\cos(\omega t + \alpha)$$

が解となる。

　それでは、力学問題で頻繁に登場する惑星運動に、解析力学の手法を適用してみよう。解析力学の基本は、運動エネルギー T とポテンシャルエネルギー U を求めることにある。

2.9.　惑星運動

　惑星運動として、質量が M[kg] の太陽のまわりを質量 m[kg] の地球が運動している公転を考える。このとき、地球は太陽のまわりを、図 2-8 に示すように、中心力 F[N] を受けながら、ある軌道にそって運動する。

　中心力とは、原点に位置する太陽と、運動物体の地球の間に、これらを結ぶ軸である動径に沿って働く力のことである。

　この運動のラグランジアン $L = T - U$ を求めてみよう。回転運動であるので、**直交座標** (rectangular coordinates) よりも、**極座標** (polar coordinates) のほうが、取り扱いが便利である。直交座標では運動エネルギー T は

$$T = \frac{1}{2}mv_x^2 + \frac{1}{2}mv_y^2$$

となるが、極座標では、r 方向の速度を v_r、θ 方向の速度を v_θ とすると

$$T = \frac{1}{2}mv_r^2 + \frac{1}{2}mv_\theta^2$$

となる。

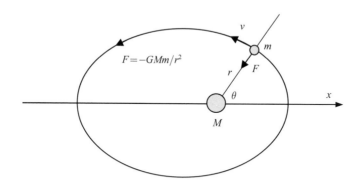

図 2-8　惑星運動

　ここで、補遺 2-1 に示すように、極座標系では、速度ベクトルの成分は

$$v_r = \dot{r} \qquad\qquad v_\theta = r\dot{\theta}$$

となるので、運動エネルギーは

$$T = \frac{1}{2}m(\dot{r}^2 + r^2\dot{\theta}^2)$$

となる。

演習 2-7　惑星運動におけるポテンシャルエネルギーを極座標を用いて示し、ラグランジアンを求めよ。

　解）　万有引力定数を G と置くと、地球と太陽の間に働く力は

$$F = -G\frac{Mm}{r^2}$$

となる。

基準点つまり $U=0$ の点を無限遠 $r=\infty$ にとると、ポテンシャルエネルギー U は、この中心力のもとで、質量 m の物体を、無限遠から位置 r まで移動する仕事に等しいので

$$U = -\int_\infty^r F dr = \int_\infty^r G\frac{Mm}{r^2} dr = \left[-G\frac{Mm}{r}\right]_\infty^r = -G\frac{Mm}{r}$$

となる。

したがって、惑星運動に対応したラグランジアンは

$$L = T - U = \frac{1}{2}m(\dot{r}^2 + r^2\dot{\theta}^2) + G\frac{Mm}{r}$$

となる。

ラグランジアンは

$$L(r,\dot{r},\dot{\theta}) = \frac{1}{2}m(\dot{r}^2 + r^2\dot{\theta}^2) + G\frac{Mm}{r}$$

となり、ラグランジュの運動方程式は r と θ について、それぞれ求める必要がある。つまり

$$\frac{d}{dt}\left(\frac{\partial L}{\partial \dot{r}}\right) - \frac{\partial L}{\partial r} = 0 \qquad \frac{d}{dt}\left(\frac{\partial L}{\partial \dot{\theta}}\right) - \frac{\partial L}{\partial \theta} = 0$$

の 2 個となる。

演習 2-8 　ラグランジアン L とラグランジュの運動方程式を利用して、惑星運動に関する運動方程式を求めよ。

解）　ラグランジアンは

$$L(r,\dot{r},\dot{\theta}) = \frac{1}{2}m(\dot{r}^2 + r^2\dot{\theta}^2) + G\frac{Mm}{r}$$

であるから

$$\frac{\partial L(r,\dot{r},\dot{\theta})}{\partial \dot{r}} = m\dot{r} \qquad \frac{\partial L(r,\dot{r},\dot{\theta})}{\partial r} = mr\dot{\theta}^2 - G\frac{Mm}{r^2}$$

となる。r 方向のラグランジュの運動方程式

$$\frac{d}{dt}\left(\frac{\partial L(r,\dot{r},\dot{\theta})}{\partial \dot{r}}\right) - \frac{\partial L(r,\dot{r},\dot{\theta})}{\partial r} = 0$$

に代入すると

$$m\frac{d\dot{r}}{dt} = mr\dot{\theta}^2 - G\frac{Mm}{r^2}$$

から運動方程式は

$$m\frac{d^2 r}{dt^2} = mr\dot{\theta}^2 - G\frac{Mm}{r^2}$$

となる。つぎに θ 方向では

$$\frac{\partial L(r,\dot{r},\dot{\theta})}{\partial \dot{\theta}} = mr^2\dot{\theta} \qquad\qquad \frac{\partial L(r,\dot{r},\dot{\theta})}{\partial \theta} = 0$$

となり

$$\frac{d}{dt}\left(\frac{\partial L(r,\dot{r},\dot{\theta})}{\partial \dot{\theta}}\right) - \frac{\partial L(r,\dot{r},\dot{\theta})}{\partial \theta} = 0$$

に代入すると θ 方向の運動方程式は

$$m\frac{d}{dt}(r^2\dot{\theta}) = 0$$

となる。

　以上が、ラグランジュの運動方程式から求めた惑星運動の方程式である。それでは、惑星運動の軌跡を求めてみよう。

　方程式としては

$$r \text{ 方向}: \quad -G\frac{Mm}{r^2} = m\frac{d^2 r}{dt^2} - mr\left(\frac{d\theta}{dt}\right)^2$$

$$\theta \text{ 方向}: \quad m\frac{d}{dt}(r^2\dot{\theta}) = 0$$

の 2 個となる。

演習 2-9　θ 方向の微分方程式： $m\dfrac{d}{dt}(r^2\dot{\theta}) = 0$ から、$\dot{\theta} = d\theta/dt$ を導出せよ。

解）　θ 方向の方程式

$$\frac{d}{dt}(r^2\dot\theta)=\frac{d}{dt}\!\left(r^2\frac{d\theta}{dt}\right)=0$$

は $r^2\dot\theta$ が時間的に変化しないことを示している。この値を、定数 D と置くと

$$r^2\frac{d\theta}{dt}=D$$

となり、結局

$$\frac{d\theta}{dt}=\frac{D}{r^2}$$

という方程式が得られる。

つぎに、r 方向の運動方程式

$$m\frac{d^2r}{dt^2}-mr\left(\frac{d\theta}{dt}\right)^2=-G\frac{Mm}{r^2}$$

を解こう。

いま、$d\theta/dt=D/r^2$ であるから

$$r^2\frac{d^2r}{dt^2}-\frac{D^2}{r}=-GM$$

ここで、この回転運動の軌道を導出したいので、r の t に関する微分を θ に関する微分に変換する。

$$\frac{dr}{dt}=\frac{dr}{d\theta}\frac{d\theta}{dt}=\frac{D}{r^2}\frac{dr}{d\theta}$$

ここで、さらに $u=1/r$ と置くと

$$\frac{du}{d\theta}=\frac{du}{dr}\frac{dr}{d\theta}=-\frac{1}{r^2}\frac{dr}{d\theta}$$

となるので

$$\frac{dr}{dt}=\frac{D}{r^2}\frac{dr}{d\theta}=-D\frac{du}{d\theta}$$

さらに

$$\frac{d^2r}{dt^2} = \frac{d}{dt}\left(\frac{dr}{dt}\right) = \frac{d}{d\theta}\left(\frac{dr}{dt}\right)\frac{d\theta}{dt} = \left(\frac{D}{r^2}\right)\frac{d}{d\theta}\left(-D\frac{du}{d\theta}\right) = -D^2 u^2 \frac{d^2u}{d\theta^2}$$

したがって

$$r^2\frac{d^2r}{dt^2} - \frac{D^2}{r} = -GM$$

は

$$-D^2\frac{d^2u}{d\theta^2} - D^2 u = -GM$$

となり、整理すると

$$\frac{d^2u}{d\theta^2} + u = \frac{GM}{D^2}$$

という微分方程式が得られる。

演習 2-10　つぎの非同次の 2 階微分方程式の一般解を求めよ。

$$\frac{d^2u}{d\theta^2} + u = \frac{GM}{D^2}$$

ただし、右辺は定数である。

解）　非同次微分方程式であるので、まず

$$\frac{d^2u}{d\theta^2} + u = 0$$

という同次方程式の解を求める。

これは、単振動と同じかたちをしており

$$u = A\cos(\theta + \phi)$$

という一般解を持つ。ただし、A は定数、ϕ は位相である。

非同次方程式の特解は

$$u = \frac{GM}{D^2}$$

であるから、一般解は

$$u = A\cos(\theta + \phi) + \frac{GM}{D^2}$$

となる。

変数 u は距離 r の逆数であったので、r の式に戻すと

$$\frac{1}{r} = A\cos(\theta + \phi) + \frac{GM}{D^2}$$

となり、r は θ の関数として

$$r = \frac{1}{A\cos(\theta + \phi) + \dfrac{GM}{D^2}} = \frac{D^2}{AD^2\cos(\theta + \phi) + GM}$$

と与えられる。ここで、分子分母を GM で除して

$$r = \frac{D^2/GM}{(AD^2/GM)\cos(\theta + \phi) + 1}$$

としたうえで

$$\frac{AD^2}{GM} = \varepsilon \qquad \frac{D^2}{GM} = k$$

と置くと

$$r = \frac{k}{1 + \varepsilon\cos(\theta + \phi)}$$

となる。

これは、極座標の r と θ の関係を示したもので、**極方程式** (polar equation) と呼ばれる。位相 $\phi = 0$ でも r と θ の軌跡のかたちは同じなので

$$r = \frac{k}{1 + \varepsilon\cos\theta}$$

について調べてみよう。

ここで、ε は**離心率** (eccentricity) と呼ばれる定数で、この値によって軌道の曲線のかたちが決まる。たとえば、$\varepsilon = 0$ のとき $r = k$ となって、円軌道となることは明らかであろう。

演習 2-11　$\varepsilon \neq 0$ のとき、極方程式 $r = \dfrac{k}{1 + \varepsilon\cos\theta}$ を直交座標に変換せよ。

解） 直交座標と極座標の対応から

$$x = r\cos\theta = \frac{k\cos\theta}{1+\varepsilon\cos\theta} \qquad y = r\sin\theta = \frac{k\sin\theta}{1+\varepsilon\cos\theta}$$

となる。ここで

$$r = \frac{k}{1+\varepsilon\cos\theta} = \frac{k + k\varepsilon\cos\theta - k\varepsilon\cos\theta}{1+\varepsilon\cos\theta} = k - \varepsilon\frac{k\cos\theta}{1+\varepsilon\cos\theta} = k - \varepsilon x$$

となり、$x^2 + y^2 = r^2$ より

$$x^2 + y^2 = (k - \varepsilon x)^2$$

となる。よって

$$(1-\varepsilon^2)x^2 + 2\varepsilon k x + y^2 = k^2$$

となる。

この式から、$\varepsilon = 1$ のときは

$$2kx + y^2 = k^2$$

となって、**放物線** (parabola) となる。

$\varepsilon > 1$ のときは $1-\varepsilon^2 < 0$ となり双曲線 (hyperbola)となり

$0 < \varepsilon < 1$ のときは**楕円** (ellipse) となることがわかる。

ここで、双曲線と放物線では、惑星の安定軌道は得られない。よって、安定軌道となるのは、$0 < \varepsilon < 1$ の楕円のときである。$0 < \varepsilon < 1$ として、いまの式を変形すると

$$x^2 + \frac{2\varepsilon k}{1-\varepsilon^2}x + \frac{1}{1-\varepsilon^2}y^2 = \frac{k^2}{1-\varepsilon^2}$$

$$\left(x + \frac{\varepsilon k}{1-\varepsilon^2}\right)^2 + \frac{1}{1-\varepsilon^2}y^2 = \frac{k^2}{1-\varepsilon^2} + \frac{\varepsilon^2 k^2}{(1-\varepsilon^2)^2} = \frac{k^2}{(1-\varepsilon^2)^2}$$

から

$$\frac{(1-\varepsilon^2)^2}{k^2}\left(x + \frac{k\varepsilon}{1-\varepsilon^2}\right)^2 + \frac{1-\varepsilon^2}{k^2}y^2 = 1$$

と変形できる。さらに

$$a = \frac{k}{1-\varepsilon^2}, \quad b = \frac{k}{\sqrt{1-\varepsilon^2}}, \quad c = \frac{k\varepsilon}{1-\varepsilon^2}$$

と置くと

$$\frac{(x+c)^2}{a^2} + \frac{y^2}{b^2} = 1$$

となって、確かに楕円となることがわかる。a は楕円の長軸、b は短軸の長さに対応する。さらに、この曲線は

$$\frac{x^2}{a^2} + \frac{y^2}{b^2} = 1$$

という楕円を

$$-c = -\frac{k\varepsilon}{1-\varepsilon^2}$$

だけ x 軸に沿って平行移動したものとなる。したがって、グラフは図 2-9 のように_\nになる。

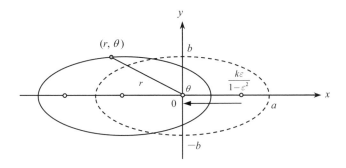

図 2-9　万有引力場における惑星の運動軌道

　以上で、万有引力のもとで運動する惑星の軌道が楕円となることがわかった。もちろん、離心率の値によって、軌道は双曲線や放物線にもなる。ただし、興味の対象は太陽のまわりの惑星の運動であり、その軌道は楕円である。双極線や放物線では、定常運動とならない。

2.10.　まとめ

　解析力学では、対象とする物体の運動に対応したラグランジアン $L = T - U$ を求める。T は運動エネルギー、U はポテンシャルエネルギーである。よって L は

エネルギーの単位を有し、スカラーである。このため、ベクトルのつり合いは考えなくてもよいので、L は比較的、簡単に求めることができる。

そのうえで、q を位置座標としたラグランジュの運動方程式

$$\frac{d}{dt}\left(\frac{\partial L}{\partial \dot{q}}\right) - \frac{\partial L}{\partial q} = 0$$

の L に $T-U$ を代入することで、物体の運動を解析することができる。

以上が、解析力学における機械的な手法である。そして、この段階まで来ると、変分法は影を潜め、ラグランジュ方程式だけが脚光を浴びることになる。しかし、本章で何度も触れたように、ラグランジアンは、変分法に登場する次式

$$I[y] = \int_a^b L(y, y', x)\, dx$$

の L に対応することを忘れてはならない。

そして、この積分汎関数 $I[y]$ が極値をとる条件から求めたオイラー方程式が、ラグランジュの運動方程式なのである。

つまり、ラグランジュの運動方程式は、力学問題を変分問題として捉えたときに得られる式という基本を覚えておいてほしい。

補遺 2-1　極座標における運動解析

A2. 1.　直交座標と極座標

2 次元の直交座標 (x, y) と極座標 (r, θ) には図 A2-1 に示すように
$$x = r\cos\theta \qquad y = r\sin\theta$$
という関係がある。

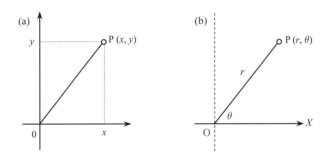

図 A2-1　2 次元平面における点 P は、直交座標 (x,y) と極座標 (r,θ) で指定できる。

このとき
$$x^2 + y^2 = r^2(\cos^2\theta + \sin^2\theta) = r^2$$
より、r 座標は $r > 0$ から

$$r = \sqrt{x^2 + y^2}$$

となる。

つぎに、θ に関しては図 A2-1 から

$$\tan\theta = \frac{y}{x}$$

という関係にあることがわかる。よって、θ 座標は

$$\theta = \tan^{-1}\left(\frac{y}{x}\right)$$

と与えられる。

　極座標では、x–y 座標における原点 O を**極** (pole) と呼ぶ。また、x 軸の正の部分にあたる半直線 OX を**始線** (initial line) と呼ぶ。これは、角度 θ が、始線から反時計まわりに測った角度に対応するからである。また、角度 θ を**偏角** (argument) と呼び、極 O から点 P までの距離 r を**動径** (radius) と呼んでいる。英語では、radius、つまり半径である。

　ここで、直交座標における P(x, y) を P(r, θ) と表記しているが、両者の対応関係を考えれば、P $(r\cos\theta, r\sin\theta)$ と表記するほうがわかりやすい。

　物体の運動は実空間で生じる。このとき、その軌跡が座標のとり方によって変化するわけではない。座標はあくまでも、われわれが運動を解析しやすいように導入した人為的な目印である。このため、空間の物体の位置は、そのままで座標表示方法だけが異なる図 A2-1 のような対応が必要となる。このときの、r–θ のとり方は、実は、図 A2-2 のような同心円になる。これは、図 A2-1(b)を全空間に拡げた座標となっている。

　このとき、(r, θ) という点は、原点すなわち極 O からの距離 r と、始線 OX からの偏角 θ によって指定できることになる。そして、極からの距離 r が一定の点は、同心円上に並ぶことになる。このため、2 次元の極座標を**円座標** (circular coordinates) と呼ぶこともある。一方、偏角 θ が一定の点は、$\tan\theta$ を傾きとする**半直線** (half line) となる。

　そして、実空間で物体が P$_1$ から P$_2$ に移動するという運動は、直交座標では P$_1$ (x_1, y_1) から P$_2$ (x_2, y_2) への移動となるが、極座標では P$_1$ (r_1, θ_1) から P$_2$ (r_2, θ_2) への移動となる。このとき、実空間における位置と軌跡は変化せずに、単に位置を指定する表記方法が異なるだけとなる。

　それでは、図 A2-2 に示した r–θ 座標の**座標軸** (coordinate axis) はどのように選べばよいのであろうか。ここでは、点 P$(r\cos\theta, r\sin\theta)$ に注目する。直交座標の x 軸、y 軸のとり方は通常通りである。

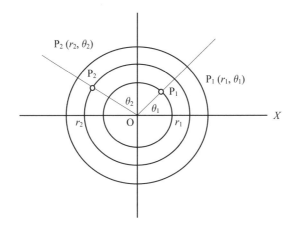

図 A2-2　直交座標と物体の運動の軌跡が変化しないように採用した極座標。r は極（原点）からの距離となり、θ は始線 OX からの角度となる。このとき $0 \leq \theta < 2\pi$ で全空間を網羅できることになる。

　一方、極座標における r 軸は、図 A2-3 のように原点から点 P に向かう直線に平行となる。そして、その正の方向は r が大きくなる向きになるので外向きとなる。それでは、θ 軸はどのようにとればよいだろうか。この軸は r 軸に直交するので点 P が通る半径 r_1 の同心円の接線方向となる。また、角度 θ は反時計まわりを正の方向にとっているので図の矢印方向が正の向きとなる。

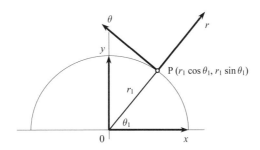

図 A2-3　動径が r_1 で、偏角が θ_1 の点 P における極座標は、r 軸は動径に平行で動径が大きくなる方向を正とする。また、θ 軸は r 軸に垂直な方向で、θ が大きくなる方向、つまり、反時計まわりの方向が正となる。

ただし、この図からわかるように、点 P の位置が変われば、それに対応する $r–\theta$ 軸は変化する。その場合でも、点 P に位置する物体の運動に注目すれば、直交座標と極座標間の対応関係は維持されるので、その解析に問題はない。

ところで、図 A2-3 をみれば、$r–\theta$ 軸は、$x–y$ 軸を原点のまわりに θ_1 だけ回転したものであることがわかる。そこで、まず、原点を中心とした回転について整理をしておこう。

A2.2. 回転行列

原点のまわりに、角度を θ だけ回転させる操作を考えてみる。図 A2-4 を参照しながら、位置ベクトル $\vec{r}$ を原点のまわりに角度 θ だけ回転させる変換を考えてみよう。もとのベクトルを

$$\vec{r} = \begin{pmatrix} x \\ y \end{pmatrix} = \begin{pmatrix} r\cos\alpha \\ r\sin\alpha \end{pmatrix}$$

とすると、θ だけ回転してできるベクトルは

$$\vec{r}' = \begin{pmatrix} x' \\ y' \end{pmatrix} = \begin{pmatrix} r\cos(\alpha+\theta) \\ r\sin(\alpha+\theta) \end{pmatrix}$$

となる。

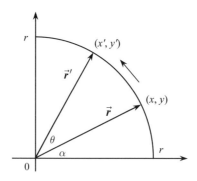

図 A2-4 位置ベクトル $\vec{r}\,(x, y) = (r\cos\alpha, r\sin\alpha)$ を原点のまわりに角度 θ だけ回転させたときの新たな位置ベクトル $\vec{r}'\,(x', y')$ との関係。

　ここで、**三角関数の加法定理** (trigonometric addition theorem) を思い出そう。それは

$$\sin(\alpha+\theta) = \sin\alpha\cos\theta + \cos\alpha\sin\theta$$
$$\cos(\alpha+\theta) = \cos\alpha\cos\theta - \sin\alpha\sin\theta$$

であった。これを使って展開すると

$$\begin{pmatrix} x' \\ y' \end{pmatrix} = \begin{pmatrix} r\cos\alpha\cos\theta - r\sin\alpha\sin\theta \\ r\sin\alpha\cos\theta + r\cos\alpha\sin\theta \end{pmatrix} = \begin{pmatrix} x\cos\theta - y\sin\theta \\ x\sin\theta + y\cos\theta \end{pmatrix}$$

と変形できる。

　これを行列表現になおすと

$$\vec{r}' = \begin{pmatrix} x' \\ y' \end{pmatrix} = \begin{pmatrix} \cos\theta & -\sin\theta \\ \sin\theta & \cos\theta \end{pmatrix}\begin{pmatrix} x \\ y \end{pmatrix}$$

となる。

　この 2 行 2 列の正方行列が、回転に対応した行列、つまり**回転行列** (rotation matrix)

$$\tilde{R}(\theta) = \begin{pmatrix} \cos\theta & -\sin\theta \\ \sin\theta & \cos\theta \end{pmatrix}$$

となる。

　ここで、逆回転を考える。つまり、原点を中心とした時計まわりの回転である。このとき、$\theta = -\theta$ を代入すればよいので

$$\tilde{R}(-\theta) = \begin{pmatrix} \cos(-\theta) & -\sin(-\theta) \\ \sin(-\theta) & \cos(-\theta) \end{pmatrix} = \begin{pmatrix} \cos\theta & \sin\theta \\ -\sin\theta & \cos\theta \end{pmatrix}$$

となる。

演習 A2-1　$\tilde{R}(\theta)$ の作用後に、$\tilde{R}(-\theta)$ を作用させれば座標はもとに戻るので、これら行列は互いに逆行列の関係にあり

$$\tilde{R}(-\theta) = \tilde{R}^{-1}(\theta)$$

となる。それを確かめよ。

解）

$$\tilde{\boldsymbol{R}}(\theta)\tilde{\boldsymbol{R}}(-\theta) = \begin{pmatrix} \cos\theta & -\sin\theta \\ \sin\theta & \cos\theta \end{pmatrix} \begin{pmatrix} \cos\theta & \sin\theta \\ -\sin\theta & \cos\theta \end{pmatrix}$$

$$\begin{pmatrix} \cos^2\theta + \sin^2\theta & \cos\theta\sin\theta - \sin\theta\cos\theta \\ \sin\theta\cos\theta - \cos\theta\sin\theta & \sin^2\theta + \cos^2\theta \end{pmatrix} = \begin{pmatrix} 1 & 0 \\ 0 & 1 \end{pmatrix}$$

となって、確かに逆行列となる。

実際に

$$\begin{pmatrix} x \\ y \end{pmatrix} = \tilde{\boldsymbol{R}}(-\theta) \begin{pmatrix} x' \\ y' \end{pmatrix} = \begin{pmatrix} \cos\theta & \sin\theta \\ -\sin\theta & \cos\theta \end{pmatrix} \begin{pmatrix} x' \\ y' \end{pmatrix}$$

となる。

A2.3. 極座標におけるベクトル表示

われわれの目的のひとつは、実空間における物体の運動を解析することにある。この際、一般には、運動の軌跡を記述するために、直交座標である x–y 座標を用いるが、それを極座標である r–θ 座標を用いるとどうなるかというのが、本補遺の主題である。

まず、解析の対象となる物体の位置を決める必要があるが、これを点 P としよう。すると、直交座標では P(x, y) 、極座標では P(r, θ) となるが、より具体的には

$$x = r\cos\theta \qquad y = r\sin\theta$$

という対応になる。

ところで、物体の運動を解析するためには、その位置だけでなく、**速度** (velocity) や**加速度** (acceleration) や作用する力などの情報も必要となる。これらは、点 P を始点とするベクトルとなる。このように、始点が固定されているベクトルを**束縛ベクトル** (fixed vector) と呼んでいる。より一般的には、ベクトルは大きさと方向を持った量であるので、これらが同じならば、始点が異なっても同じベクトルとみなす。これを**自由ベクトル** (free vector) と呼んでいる。

ここでは、図 A2-5 に示すように、点 P に位置する物体の速度ベクトル$\vec{v}$ に注

目してみよう。このベクトル成分を直交座標 (v_x, v_y) と極座標 (v_r, v_θ) で表現したときの対応関係を考える。

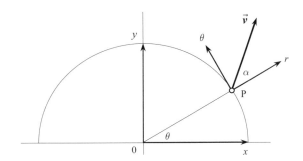

図 A2-5　点 P に物体が位置し、その物体が図のような速度ベクトル $\vec{v}$
で移動している。

　速度ベクトル $\vec{v}$ が r 軸と角度 α をなすとしよう。ただし、この図のままでは、対応関係がわかりにくいので、図 A2-6 のように、点 P を x–y 座標の原点ならびに r–θ 座標の極と重なるように、座標軸を描いてみる。

　いまは、ベクトル $\vec{v}$ を直交座標からみた成分 $\vec{v} = (v_x, v_y)$ が、極座標での表示 $\vec{v} = (v_r, v_\theta)$ ではどうなるかを見ればよい。

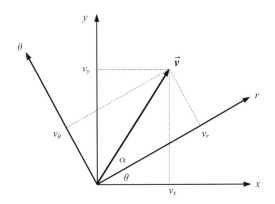

図 A2-6　直交座標における力ベクトルの成分 $\vec{v} = (v_x, v_y)$ と極座標における成分 $\vec{v} = (v_r, v_\theta)$ との対応関係

図 A2-6 を参照しながら関係式を導出していこう。まず、直交座標からみた成分は、ベクトルの大きさを

$$\left|\vec{v}\right| = v$$

とすると、それぞれ

$$v_x = v\cos(\alpha + \theta) \qquad v_y = v\sin(\alpha + \theta)$$

である。

　三角関数の加法定理から

$$v_x = v\cos(\alpha + \theta) = v\cos\alpha\cos\theta - v\sin\alpha\sin\theta$$
$$v_y = v\sin(\alpha + \theta) = v\sin\alpha\cos\theta + v\cos\alpha\sin\theta$$

となる。

演習 A2-2　直交座標から見た成分 $\vec{v} = (v_x, v_y)$ と極座標表示 $\vec{v} = (v_r, v_\theta)$ での対応関係を示せ。

　解）

$$v_r = v\cos\alpha \qquad v_\theta = v\sin\alpha$$

であるから

$$v_x = v_r\cos\theta - v_\theta\sin\theta$$
$$v_y = v_\theta\cos\theta + v_r\sin\theta$$

となる。

　以上の関係を行列を使って示すと

$$\begin{pmatrix} v_x \\ v_y \end{pmatrix} = \begin{pmatrix} \cos\theta & -\sin\theta \\ \sin\theta & \cos\theta \end{pmatrix} \begin{pmatrix} v_r \\ v_\theta \end{pmatrix} = \tilde{\boldsymbol{R}}(\theta) \begin{pmatrix} v_r \\ v_\theta \end{pmatrix}$$

という関係が得られる。

　したがって、直交座標を極座標に直す変換は

$$\begin{pmatrix} v_r \\ v_\theta \end{pmatrix} = \begin{pmatrix} \cos\theta & \sin\theta \\ -\sin\theta & \cos\theta \end{pmatrix} \begin{pmatrix} v_x \\ v_y \end{pmatrix} = \tilde{\boldsymbol{R}}(-\theta) \begin{pmatrix} v_x \\ v_y \end{pmatrix}$$

となる。

　なお、これら回転行列は、互いに逆行列の関係にあることは、すでに紹介したとおりである。

A2. 4.　速度ベクトル成分の極座標表示

　速度ベクトルの極座標の成分である v_r と v_θ を具体的に求めてみよう。直交座標での速度ベクトルの成分は

$$v_x = \frac{dx}{dt} = \dot{x} \qquad v_y = \frac{dy}{dt} = \dot{y}$$

となる。

演習 A2-3　$x = r\cos\theta$, $y = r\sin\theta$ という関係を利用して、v_x, v_y を (r, θ) で示せ。

　解）　$v_x = \dfrac{dx}{dt} = \dfrac{dr}{dt}\cos\theta - r\sin\theta\dfrac{d\theta}{dt}$　　　$\dot{x} = v_x = \dot{r}\cos\theta - (r\sin\theta)\dot{\theta}$

　　　　　$v_y = \dfrac{dy}{dt} = \dfrac{dr}{dt}\sin\theta + r\cos\theta\dfrac{d\theta}{dt}$　　　$\dot{y} = v_y = \dot{r}\sin\theta + (r\cos\theta)\dot{\theta}$

となる。

　いま、求めた関係を整理すると

$$v_x = \dot{r}\cos\theta - r\dot{\theta}\sin\theta$$
$$v_y = \dot{r}\sin\theta + r\dot{\theta}\cos\theta$$

となり、行列表示にすると

$$\begin{pmatrix} v_x \\ v_y \end{pmatrix} = \begin{pmatrix} \cos\theta & -\sin\theta \\ \sin\theta & \cos\theta \end{pmatrix}\begin{pmatrix} \dot{r} \\ r\dot{\theta} \end{pmatrix}$$

となる。

　この式と、前節で求めた

$$\begin{pmatrix} v_x \\ v_y \end{pmatrix} = \begin{pmatrix} \cos\theta & -\sin\theta \\ \sin\theta & \cos\theta \end{pmatrix}\begin{pmatrix} v_r \\ v_\theta \end{pmatrix}$$

を比較すると、極座標における速度ベクトルの成分は

$$v_r = \dot{r} = \frac{dr}{dt} \qquad\qquad v_\theta = r\dot{\theta} = r\frac{d\theta}{dt}$$

と与えられることがわかる。このように、極座標では

$$v_\theta \neq \frac{d\theta}{dt}$$

となることに注意が必要である。

　速度ベクトルの成分が得られたので、運動エネルギー T の表示も示しておこう。まず、運動エネルギーは

$$T = \frac{1}{2}m|\vec{v}|^2 = \frac{1}{2}m\vec{v}\cdot\vec{v}$$

と与えられる。直交座標系では

$$T = \frac{1}{2}m\vec{v}\cdot\vec{v} = \frac{1}{2}m(\dot{x} \quad \dot{y})\begin{pmatrix} \dot{x} \\ \dot{y} \end{pmatrix} = \frac{1}{2}m(\dot{x}^2 + \dot{y}^2)$$

となる。一方、極座標系では

$$T = \frac{1}{2}m\vec{v}\cdot\vec{v} = \frac{1}{2}m(\dot{r} \quad r\dot{\theta})\begin{pmatrix} \dot{r} \\ r\dot{\theta} \end{pmatrix} = \frac{1}{2}m(\dot{r}^2 + r^2\dot{\theta}^2)$$

となる。極座標系のラグランジアンでは、後者の運動量を使うことになる。

A2. 5.　加速度ベクトルの極座標表示

　つぎに加速度ベクトルの極座標表示、つまり

$$\vec{a} = \begin{pmatrix} a_r \\ a_\theta \end{pmatrix}$$

について考えよう。

演習 A2-4　直交座標系の速度成分が

$$v_x = \frac{dx}{dt} = \frac{dr}{dt}\cos\theta - r\sin\theta\frac{d\theta}{dt} \qquad v_y = \frac{dy}{dt} = \frac{dr}{dt}\sin\theta + r\cos\theta\frac{d\theta}{dt}$$

と与えられることを利用して、加速度 a_x, a_y を (r, θ) で示せ。

解）

$$a_x = \frac{d^2x}{dt^2} = \frac{d^2r}{dt^2}\cos\theta - 2\frac{dr}{dt}\sin\theta\frac{d\theta}{dt} - r\cos\theta\left(\frac{d\theta}{dt}\right)^2 - r\sin\theta\frac{d^2\theta}{dt^2}$$

$$a_y = \frac{d^2y}{dt^2} = \frac{d^2r}{dt^2}\sin\theta + 2\frac{dr}{dt}\cos\theta\frac{d\theta}{dt} - r\sin\theta\left(\frac{d\theta}{dt}\right)^2 + r\cos\theta\frac{d^2\theta}{dt^2}$$

となる。

演習 A2-5　次式を計算せよ。

$$\frac{d^2x}{dt^2}\cos\theta + \frac{d^2y}{dt^2}\sin\theta = a_x\cos\theta + a_y\sin\theta$$

解）

$$\frac{d^2x}{dt^2}\cos\theta = \frac{d^2r}{dt^2}\cos^2\theta - 2\frac{dr}{dt}\sin\theta\cos\theta\frac{d\theta}{dt} - r\cos^2\theta\left(\frac{d\theta}{dt}\right)^2 - r\sin\theta\cos\theta\frac{d^2\theta}{dt^2}$$

$$\frac{d^2y}{dt^2}\sin\theta = \frac{d^2r}{dt^2}\sin^2\theta + 2\frac{dr}{dt}\sin\theta\cos\theta\frac{d\theta}{dt} - r\sin^2\theta\left(\frac{d\theta}{dt}\right)^2 + r\sin\theta\cos\theta\frac{d^2\theta}{dt^2}$$

となるから

$$\frac{d^2x}{dt^2}\cos\theta + \frac{d^2y}{dt^2}\sin\theta = \frac{d^2r}{dt^2} - r\left(\frac{d\theta}{dt}\right)^2$$

つまり

$$a_x\cos\theta + a_y\sin\theta = \ddot{r} - r\dot{\theta}^2$$

となる。

同様にして

$$\frac{d^2x}{dt^2}(-\sin\theta) + \frac{d^2y}{dt^2}\cos\theta = -a_x\sin\theta + a_y\cos\theta$$

を計算してみると

$$\frac{d^2x}{dt^2}(-\sin\theta) + \frac{d^2y}{dt^2}\cos\theta = 2\frac{dr}{dt}\frac{d\theta}{dt} + r\frac{d^2\theta}{dt^2}$$

となる。よって

$$-a_x \sin\theta + a_y \cos\theta = 2\dot{r}\dot{\theta} + r\ddot{\theta}$$

という関係にある。

演習 A2-6 以下の対応関係から速度と相似の関係を加速度において求めよ。

$$a_x \cos\theta + a_y \sin\theta = \ddot{r} - r\dot{\theta}^2 \qquad -a_x \sin\theta + a_y \cos\theta = 2\dot{r}\dot{\theta} + r\ddot{\theta}$$

解) 最初の式に $\cos\theta$ を、つぎの式に $-\sin\theta$ を乗じると

$$a_x \cos^2\theta + a_y \sin\theta\cos\theta = (\ddot{r} - r\dot{\theta}^2)\cos\theta$$

$$a_x \sin^2\theta - a_y \sin\theta\cos\theta = -(2\dot{r}\dot{\theta} + r\ddot{\theta})\sin\theta$$

となる。辺々を足すと

$$a_x = (\ddot{r} - r\dot{\theta}^2)\cos\theta - (2\dot{r}\dot{\theta} + r\ddot{\theta})\sin\theta$$

という関係が得られる。

同様にして、最初の式に $\sin\theta$ をつぎの式に $\cos\theta$ を乗じると

$$a_x \cos\theta\sin\theta + a_y \sin^2\theta = (\ddot{r} - r\dot{\theta}^2)\sin\theta$$

$$-a_x \sin\theta\cos\theta + a_y \cos^2\theta = (2\dot{r}\dot{\theta} + r\ddot{\theta})\cos\theta$$

となる。辺々を足すと

$$a_y = (\ddot{r} - r\dot{\theta}^2)\sin\theta + (2\dot{r}\dot{\theta} + r\ddot{\theta})\cos\theta$$

という関係が得られる。

以上の関係を行列のかたちに直すと

$$\begin{pmatrix} a_x \\ a_y \end{pmatrix} = \begin{pmatrix} \cos\theta & -\sin\theta \\ \sin\theta & \cos\theta \end{pmatrix} \begin{pmatrix} \ddot{r} - r\dot{\theta}^2 \\ 2\dot{r}\dot{\theta} + r\ddot{\theta} \end{pmatrix}$$

となる。

　ここで加速度ベクトルの成分は、図 A2-6 に示した任意ベクトル $\vec{v}$ の対応と同じかたちになるので

$$\begin{pmatrix} a_x \\ a_y \end{pmatrix} = \begin{pmatrix} \cos\theta & -\sin\theta \\ \sin\theta & \cos\theta \end{pmatrix} \begin{pmatrix} a_r \\ a_\theta \end{pmatrix}$$

となる。両式を比較すると

$$a_r = \ddot{r} - r\dot{\theta}^2 \qquad a_\theta = 2\dot{r}\dot{\theta} + r\ddot{\theta}$$

となることがわかる。

$$v_r = \dot{r} \qquad v_\theta = r\dot{\theta}$$

であるから、極座標では明らかに

$$a_r \neq \frac{dv_r}{dt} \qquad a_\theta \neq \frac{dv_\theta}{dt}$$

となることに注意が必要である。

A2. 6.　運動方程式

　それでは、以上をもとに、極座標表示でのニュートンの運動方程式を導出してみよう。運動方程式をベクトル表示すると

$$\vec{F} = m\,\vec{a}$$

となる。成分表示すると、直交座標では

$$\begin{pmatrix} F_x \\ F_y \end{pmatrix} = m \begin{pmatrix} a_x \\ a_y \end{pmatrix} = m \begin{pmatrix} \ddot{x} \\ \ddot{y} \end{pmatrix}$$

となる。同様にして、極座標表示では

$$\begin{pmatrix} F_r \\ F_\theta \end{pmatrix} = m \begin{pmatrix} a_r \\ a_\theta \end{pmatrix} = m \begin{pmatrix} \ddot{r} - r\dot{\theta}^2 \\ 2\dot{r}\dot{\theta} + r\ddot{\theta} \end{pmatrix}$$

となる。
　したがって、極座標における運動方程式は、r 方向では

$$F_r = m\,(\ddot{r} - r\dot{\theta}^2)$$

θ 方向では

$$F_\theta = m\,(2\dot{r}\dot{\theta} + r\ddot{\theta})$$

となる。

第 3 章 　仮想仕事の原理

　本章では、**仮想仕事の原理**（principle of virtual work）と**ダランベールの原理**
(d'Alembert's principle) を利用して、ラグランジアンが $L = T - U$ と与えられる
背景を紹介する。

　そのために、まず、仮想仕事の原理とダランベールの原理がどのようなものか
を紹介し、その力学問題への応用についても説明する。これら原理は、とても有
用であり、その簡便さと、その裏に潜む深遠さに魅了される。ぜひ、それを実感
してほしい。

3.1. 　力のつりあい

　ある物体に、3 個の力ベクトルが作用し、物体は静止しているものとする。こ
のとき、これら力ベクトルの間には

$$\vec{F}_1 + \vec{F}_2 + \vec{F}_3 = 0$$

という関係が成立する。力ベクトルが 4 個、5 個と増えても同様である。この様
子を 3 個のベクトルの場合で図示すると、図 3-1 のようになる。

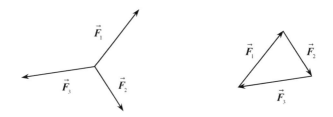

図 3-1　物体が静止している場合、それに働く力ベクトルの和はゼロとなる。

演習 3-1　ベクトル $\vec{F}_1 = (F_{1x}, F_{1y}, F_{1z})$，$\vec{F}_2 = (F_{2x}, F_{2y}, F_{2z})$，$\vec{F}_3 = (F_{3x}, F_{3y}, F_{3z})$ の和がゼロになるときの成分どうしの関係を示せ。

解）

$$\vec{F}_1 + \vec{F}_2 + \vec{F}_3 = \begin{pmatrix} F_{1x} \\ F_{1y} \\ F_{1z} \end{pmatrix} + \begin{pmatrix} F_{2x} \\ F_{2y} \\ F_{2z} \end{pmatrix} + \begin{pmatrix} F_{3x} \\ F_{3y} \\ F_{3z} \end{pmatrix} = \begin{pmatrix} F_{1x} + F_{2x} + F_{3x} \\ F_{1y} + F_{2y} + F_{3y} \\ F_{1z} + F_{2z} + F_{3z} \end{pmatrix} = \begin{pmatrix} 0 \\ 0 \\ 0 \end{pmatrix}$$

から

$$F_{1x} + F_{2x} + F_{3x} = 0 \qquad F_{1y} + F_{2y} + F_{3y} = 0$$
$$F_{1z} + F_{2z} + F_{3z} = 0$$

となる。

演習 3-2　ベクトル $\vec{F}_1 = (1, 4, 2)$，$\vec{F}_2 = (-4, 6, -9)$ のとき、$\vec{F}_1 + \vec{F}_2 + \vec{F}_3 = 0$ を満足するベクトル $\vec{F}_3 = (F_{3x}, F_{3y}, F_{3z})$ を求めよ。

解）　成分どうしの条件は

$$1 - 4 + F_{3x} = 0 \qquad 4 + 6 + F_{3y} = 0 \qquad 2 - 9 + F_{3z} = 0$$

となり

$$F_{3x} = 3 \qquad F_{3y} = -10 \qquad F_{3z} = 7$$

から、求めるベクトルは

$$\vec{F}_3 = (3, -10, 7)$$

となる。

　もし、これらベクトルの和がゼロでなければ、物体の質量を m とすると

$$\vec{F}_1 + \vec{F}_2 + \vec{F}_3 = m\frac{d^2\vec{r}}{dt^2}$$

という運動方程式にしたがって、力の合成ベクトルの方向に物体は運動する。

　ところで、この力ベクトルと、任意の位置ベクトル $\vec{r}$ との内積をとれば

$$(\vec{F}_1 + \vec{F}_2 + \vec{F}_3) \cdot \vec{r} = \vec{F}_1 \cdot \vec{r} + \vec{F}_2 \cdot \vec{r} + \vec{F}_3 \cdot \vec{r} = 0$$

という関係が成立する。

　左辺の第 1 項の力ベクトルの和がゼロであるから、当たり前のことである。つまり、力のつり合いが保障されるならば、この物体がどの方向に動こうとも、力ベクトルと距離ベクトルの内積はゼロとなる。ただし、あくまでも、力のつり合いがとれていることが前提となる。

演習 3-3　ベクトル $\vec{F}_1 = (1, 4, 2)$, $\vec{F}_2 = (-4, 6, -9)$, $\vec{F}_3 = (3, -10, 7)$ と位置ベクトル $\vec{r} = (r_x, r_y, r_z)$ との内積をとり、その和を求めよ。

解)

$$\vec{F}_1 \cdot \vec{r} = r_x + 4r_y + 2r_z \qquad \vec{F}_2 \cdot \vec{r} = -4r_x + 6r_y - 9r_z$$

$$\vec{F}_3 = 3r_x - 10r_y + 7r_z$$

から

$$\vec{F}_1 \cdot \vec{r} + \vec{F}_2 \cdot \vec{r} + \vec{F}_3 \cdot \vec{r} = r_x + 4r_y + 2r_z \ -4r_x + 6r_y - 9r_z \ +3r_x - 10r_y + 7r_z$$

$$= (1 - 4 + 3)r_x + (4 + 6 - 10)r_y + (2 - 9 + 7)r_z = 0$$

となる。

　ここで、この力のつり合いが保たれるような**仮想変位** (virtual displacement) を考える。有限の変位では力のバランスはくずれるが、それが生じないような微小変位を仮定するのである。ここで、この微小変位を $\delta\vec{r}$ と表記する。d ではなく、δ を使うのは、仮想の変位であるので、微分と区別するための慣例である[6]。そのうえで、力ベクトルと変位ベクトルの内積をとると

$$\vec{F}_1 \cdot \delta\vec{r} + \vec{F}_2 \cdot \delta\vec{r} + \vec{F}_3 \cdot \delta\vec{r} = 0$$

---

[6] 変分にも同じ δ を使うが、後ほど紹介するように、仮想変位は、変分における微小変位と同様の扱いが可能となる。

という関係が得られる。

　この左辺は、力ベクトルと距離ベクトルの内積であるから、その単位は仕事と等価となる。よって

$$\delta W = \vec{F}_1 \cdot \delta \vec{r} + \vec{F}_2 \cdot \delta \vec{r} + \vec{F}_3 \cdot \delta \vec{r} = 0$$

と表記する。

　この関係は、「力の釣り合いのとれた状態にある静止物体を、わずかに変位させた時の仕事はゼロとなる」と言い換えることもできる。これが**仮想仕事の原理** (principle of virtual work) である。

　しかし、この表現はなかなかわかりにくいのではないだろうか。仮想変位による仕事が仮想と言われても、物理的な描像が描きにくい。そこで、この原理を少し別な視点から眺めてみよう。

　まず、仕事はエネルギーと等価である。たとえば、重力下でのポテンシャルエネルギー $U[\mathrm{J}]$ は、重力 $F=-mg\,[\mathrm{N}]$ に逆らって高さ $h[\mathrm{m}]$ まで物体を持ち上げるのに要する仕事であった。よって

$$U = -Fh = mgh$$

と与えられる。つまり、［力］×［距離］となっており、仕事と同じ表式となり、単位は $[\mathrm{J}]=[\mathrm{Nm}]$ となる。このように、仕事とポテンシャルエネルギーは等価と考える。

　すると、仮想仕事の原理は、力のつりあいがとれている点では

$$\delta W = -\delta U = 0$$

となることを意味している。　ところで、$\delta U = 0$ は、図 3-2 に示すように、ポテンシャルエネルギーが極値をとる条件である。

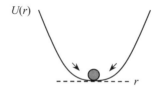

図 3-2　ポテンシャル場において、$\delta U = 0$ となるのは、U が極値をとる条件である。

　このとき、この点から物体を移動させようとすると復元力が働き、もとの位置に戻ろうとする（図 3-2 参照）。いわゆる $\delta U = 0$ となる位置は安定点（静止点）となるのである。

　ここで、復元力ということを明確にするために、図 3-1 のベクトルの配置を変えて、図 3-3 のように表記してみよう。こうすれば、静止位置には復元力が働き安定点となることがわかる。

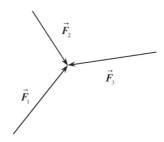

図 3-3　図 3-1 に示した力ベクトルを再配置した図。この安定点から物体を移動させようとすると、もとの位置に戻そうとする復元力が働く。

　つまり、仕事をポテンシャルエネルギーと等価とみなすと、仮想仕事の原理は、力が釣り合う点（つまり力ベクトルの和が 0 となる点）は、ポテンシャルエネルギーが極小値をとる点とみなすことができるのである。よって、どの方向に微小変位させても $\delta U = 0$ 、すなわち、$\delta W = 0$ となることを意味している。これが、仮想仕事 δW がゼロとなる原理である。これは、変分法の停留値問題そのものである。

　この対応関係をもう少し見てみよう。まず、ポテンシャル U と力 F の関係は、r を位置とすると

$$F = -\frac{dU}{dr}$$

と与えられる。負の符号がつくのは、力はポテンシャルエネルギーが減少する向きに働くからである。

　ただし、U はスカラーであり、$\vec{F}, \vec{r}$ はベクトルであるから 3 次元空間での成分で示せば

$$F_x = -\frac{\partial U(x,y,z)}{\partial x} \qquad F_y = -\frac{\partial U(x,y,z)}{\partial y} \qquad F_z = -\frac{\partial U(x,y,z)}{\partial z}$$

となり

$$dU = -\vec{F}\cdot d\vec{r} = -(F_x\ F_y\ F_z)\begin{pmatrix} dx \\ dy \\ dz \end{pmatrix} = -(F_x\,dx + F_y\,dy + F_z\,dz)$$

のような内積となる。

あるいは、$U(x,y,z)$ の全微分を考えると

$$dU = \frac{\partial U}{\partial x}dx + \frac{\partial U}{\partial y}dy + \frac{\partial U}{\partial x}dz$$

となるが、力はポテンシャルエネルギーの位置微分であるから

$$F_x = -\frac{\partial U(x,y,z)}{\partial x}\ ,\ \ F_y = -\frac{\partial U(x,y,z)}{\partial y}\ ,\ \ F_z = -\frac{\partial U(x,y,z)}{\partial z}$$

となるので

$$dU = -F_x\,dx - F_y\,dy - F_z\,dz$$

という関係が得られる。

つまり、仮想仕事とは、仮想変位によるポテンシャルエネルギーの変化と等価であり、$dU=0$ ということは、ポテンシャルエネルギーが極小値をとることに対応するのである。そして

$$dU = -F_x\,dx - F_y\,dy - F_z\,dz = 0$$

から

$$F_x\,dx + F_y\,dy + F_z\,dz = 0$$

が得られる。これが仮想仕事の原理である。

3.2. 静力学への応用

仮想仕事の原理が重用されるのは、複数の力が働いている物体の安定位置（静止する条件）を求めるのに威力を発揮するからである。たとえば、多くの部材からなる建物の安定性を評価するのにも利用されている[7]。

---

[7] 興味のある方は、一般の「構造力学」の教科書を参照されたい。仮想仕事の原理は構造計算の基本となっている。

　つまり、「安定点では仮想仕事がゼロとなる」が、逆に、「仮想仕事がゼロにな
るという条件から、物体の静止する位置（あるいは物体の安定した状態）を求め
る」ことができる。これが効用である。
　それでは具体例で見てみよう。図 3-4 のように質量が M[kg] と m[kg] の物体 1
と 2 が、ある支点で支えられた棒の両端につけられ静止した状態にあるとしよ
う。

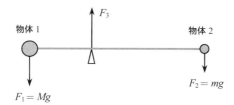

図 3-4　両端に異なる質量の物体 1, 2 を固定した天秤のつり合い。

　この場合の静止するための条件を求めてみよう。まず、力のつり合いから、支
点に働く力は

$$F_3 = F_1 + F_2 = (M + m)g$$

となる。
　問題は、静止するときの、支点から物体までの距離である。これをそれぞれ ℓ_1
[m] および ℓ_2[m] とする。ここで、仮想仕事の原理を利用して、これら長さの比
を求めよう。この静止状態から、図 3-5 のように、反時計まわりに、わずかな角
度 $\delta\theta$ だけ傾けたとしよう。

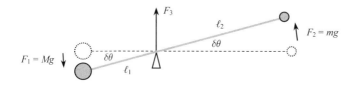

図 3-5　力のつり合いの位置から、わずかに変位させた場合。

すると支点は変位せずに、物体 1 と 2 がそれぞれ $\ell_1 \delta\theta$ および $\ell_2 \delta\theta$ だけ、下方と上方に変位することになる。

このときの仮想仕事は

$$\delta W = -F_1 \cdot \ell_1 \delta\theta + F_2 \cdot \ell_2 \delta\theta$$

と与えられるが、力のつりあった静止点では、これが 0 となることから

$$-F_1\ell_1\delta\theta + F_2\ell_2\delta\theta = (-F_1\ell_1 + F_2\ell_2)\delta\theta = 0$$

より

$$F_1\ell_1 = F_2\ell_2 \qquad\qquad Mg\ell_1 = mg\ell_2$$

から

$$\frac{\ell_1}{\ell_2} = \frac{m}{M}$$

という関係が得られる。

これは、有名な**てこの法則** (lever rule) である。このように、仮想仕事がゼロになるという条件から、安定点（静止位置）を求めることが可能となる。これが「仮想仕事の原理」の効用である。

演習 3-4　図 3-6 のように質量 m [kg] の錘りが長さ ℓ [m] のひもでぶら下げられている。このとき、この錘が q [C] の電荷を有するものとする。図の x 方向に電場 E [V/m] を印加した際の物体の静止位置を求めよ。

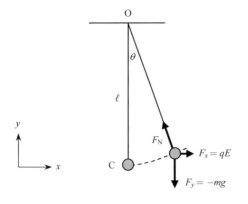

図 3-6

解）　電場が印加されていない状態では、錘りは、図 3-6 の最下点である C に
静止している。ここで、x 方向に電場 E を印加すると錘りは、鉛直方向から θ だ
け傾いた点に静止するものとしよう。このとき、錘りに働く力は、水平右方向に
電気力 $F_x = qE$ [N]、鉛直下方に重力 $F_y = -mg$ [N] と、さらにひもの方向に張力
F_N [N] となる。

　ここで、仮想仕事の原理から、静止位置の θ を求めてみよう。この錘りが静止
位置から微小角度 $\delta\theta$ だけ変位したとしよう。このときの変位は図 3-7 のように
なる。

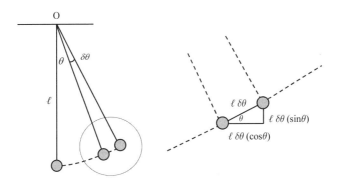

図 3-7　θ が微小角度 $\delta\theta$ だけ仮想変位したときの、水平方向
および垂直方向の変位。

　ひもの張力 F_N [N] は、変位に常に直交しているので、仕事はしない。電気力
F_x [N] に関しては、水平右方向に $\delta x = \ell\,\delta\theta\,(\cos\theta)$ [m] だけ変位する。つぎに、重
力 F_y [N] に関しては、鉛直上方に $\delta y = \ell\,\delta\theta\,(\sin\theta)$ [m] だけ変位する。

　したがって、仮想変位 $\delta\theta$ に対する仮想仕事 δW [J] は

$$\delta W = F_x\,\delta x + F_y\,\delta y = F_x\,\ell\,\delta\theta\,(\cos\theta) + F_y\,\ell\,\delta\theta\,(\sin\theta)$$

となる。

　静止位置では、この仮想仕事が 0 となるから

$$(qE\cos\theta - mg\sin\theta)\,\ell\,\delta\theta = 0$$

が条件となり

$$qE\cos\theta = mg\sin\theta$$

より

$$\frac{\sin\theta}{\cos\theta} = \tan\theta = \frac{qE}{mg}$$

となる。したがって

$$\theta = \tan^{-1}\left(\frac{qE}{mg}\right)$$

と与えられる。

　ここで、単振り子の錘りには、**張力** (tensional force) F_N [N] も働いているが、この力は、仮想変位に対して垂直であるため仕事をしない。このため、仮想仕事には入ってこない。このような力を**束縛力** (constraint force) と呼んでいる。

　たとえば、単振り子の場合には、物体がひもでつり下げられているため、その運動は半径 ℓ [m] の円周上に束縛されている。したがって、張力のことを束縛力と呼ぶのである。この際の**束縛条件** (constraint condition) は、ひもの結ばれている点を原点にとると、直交座標系の (x, y) では

$$x^2 + y^2 = \ell^2$$

と、また、極座標系の (r, θ) では $r = \ell$ と与えられる。

　物体が坂を降下する際に、この物体は坂から垂直抗力を受けている。しかし、この抗力は、変位に対して常に直交しているので、仕事をしないことになる[8]。一方、物体を坂の上に束縛しているので、束縛力とも呼ばれるのである。

　ところで、束縛力 F_N[N] の値は力のつりあいから容易に求めることができる。ここでは、静止点における鉛直方向のつりあいから

$$F_y = -F_N \cos\theta$$

という式が得られ

$$mg = F_N \cos\theta$$

となるので

$$F_N = \frac{mg}{\cos\theta}$$

となる。

---

[8] 仕事 W は力ベクトル $\vec{F}$ と移動距離 $\vec{r}$ の内積 $W = \vec{F} \cdot \vec{r}$ となる

演習 3-5　　垂直断面が $y = x^2$ のような放物線の形状をしたなめらかな曲面がある
としよう。この曲面上に質量が m [kg]、電荷が q [C] の物体を置く。この曲面の x
方向に、E [V/m] の電場を印加したとき、この物体の静止点を 2 次元座標で求め
よ。ただし、重力加速度を g [m/s²] とする。

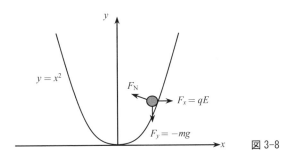

図 3-8

解）　　この物体に働く力は x 軸の正の方向に電気力 $F_x = qE$ [N]、y 軸の負の方
向に重力 $F_y = -mg$ [N]、また、この壁面に束縛する垂直抗力の F_N [N] となる。

　　この壁面に沿った微小変位 $\delta \vec{r}$ を考え、$\delta \vec{r} = (\delta x \quad \delta y)$ とする。束縛力は仕事を
しないので、仮想仕事は

$$\delta W = F_x \, \delta x + F_y \, \delta y$$

となる。

　　壁面は $y = x^2$ であるので

$$\delta y = \delta(x^2) = (x + \delta x)^2 - x^2 = 2x\delta x + (\delta x)^2$$

という関係にある。

　　ここで δx は微小量であるから $(\delta x)^2$ の項は無視することができ

$$\delta y = 2x\delta x$$

となる。ここで、仮想仕事の原理から

$$\delta W = F_x \, \delta x + F_y \, \delta y = F_x \, \delta x + F_y \, (2x\delta x)$$
$$= qE \, \delta x - 2mg \, x \, \delta x = (qE - 2mg \, x)\delta x = 0$$

となる。

　　これが成立するために

$$qE - 2mgx = 0 \qquad \text{から} \qquad x = \frac{qE}{2mg}$$

となり、静止点の座標は

$$(x, y) = \left(\frac{qE}{2mg}, \left(\frac{qE}{2mg} \right)^2 \right)$$

と与えられる。

演習 3-6　垂直断面が $y = e^x$ のような指数関数の形状をしたなめらかな曲面がある。この曲面上に質量が m [kg]、電荷が q [C] の物体を置く。この曲面の x 方向に E [V/m] の電場を印加したときこの物体の静止点の座標を求めよ。

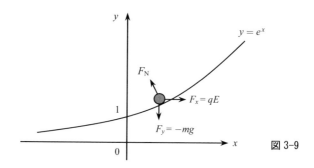

図 3-9

解）　この物体に働く力は、x 軸の正の方向に電気力 $F_x = qE$ [N]、y 軸の負の方向に重力 $F_y = -mg$ [N]、また、この壁面に束縛する垂直抗力の F_N [N] となる。

この壁面に沿った微小変位 $\delta\vec{r}$ を考え、$\delta\vec{r} = (\delta x \quad \delta y)$ とする。束縛力は仕事をしないので、仮想仕事は

$$\delta W = F_x \delta x + F_y \delta y$$

となる。壁面は $y = e^x$ であるので

$$\delta y = e^{x + \delta x} - e^x = e^x (e^{\delta x} - 1)$$

という関係にある。ここで

$$e^{\delta x} = 1 + \delta x + \frac{1}{2}(\delta x)^2 + \frac{1}{3!}(\delta x)^3 + \dots$$

と級数展開できるが、δx は微小量であるから、2 乗以上の高次の項は無視でき

$$e^{\delta x} \cong 1 + \delta x$$

から

$$\delta y = e^x(e^{\delta x} - 1) = e^x \delta x$$

となる。

　よって、仮想仕事の原理から

$$\delta W = F_x \delta x + F_y \delta y = F_x \delta x + F_y(e^x \delta x)$$

$$= qE\,\delta x - mge^x \delta x = (qE - mge^x)\delta x = 0$$

となる。

　これが任意の δx に対して成立するために

$$qE - mge^x = 0 \qquad から \qquad e^x = \frac{qE}{mg}$$

よって

$$x = \ln\left(\frac{qE}{mg}\right)$$

となる。また

$$y = e^x = \frac{qE}{mg}$$

であるから静止点は

$$(x, y) = \left(\ln\left(\frac{qE}{mg}\right),\ \frac{qE}{mg}\right)$$

となる。

　このように、仮想仕事の原理による解法は、ある束縛条件のもとで W あるいはポテンシャルエネルギー U の極値を求める問題と等価となる。このような問題に対処する際に有効となるのが**ラグランジュの未定乗数法** (method of Lagrange multiplier) である。その詳細については、補遺 3-1 を参照されたい。

3.3. 条件付き極値問題

2次元空間における静止物体に働いている力を $\vec{F} = (F_x \quad F_y)$ とし、仮想変位を $\delta\vec{r} = (\delta x \quad \delta y)$ とすると、仮想仕事は

$$\delta W = \vec{F} \cdot \delta\vec{r} = (F_x \quad F_y)\begin{pmatrix} \delta x \\ \delta y \end{pmatrix} = F_x\,\delta x + F_y\,\delta y$$

と与えられる。

ここで、ある束縛条件 $y = f(x)$ のもとで、$\delta W = 0$ を満足するような座標 (x, y) を求めれば、それが静止位置となるのであった。

このとき、上式に $\delta y = \delta(f(x))$ を代入すればよい。それでは、3次元空間ではどうなるだろうか。考え方はまったく同じであるが、実は、ラグランジュの未定乗数法を使うと便利である。それを紹介しよう。

3次元空間における静止物体に働いている力を $\vec{F} = (F_x \quad F_y \quad F_z)$ とし、仮想変位を $\delta\vec{r} = (\delta x \quad \delta y \quad \delta z)$ とすると、仮想仕事は

$$\delta W = \vec{F} \cdot \delta\vec{r} = (F_x \quad F_y \quad F_z)\begin{pmatrix} \delta x \\ \delta y \\ \delta z \end{pmatrix} = F_x\,\delta x + F_y\,\delta y + F_z\,\delta z$$

と与えられる。$\delta W = 0$ という条件は、ポテンシャルエネルギーを U としたとき、U の極値、すなわち $dU = 0$ を求める問題と等価となる。

$$F_x = -\frac{\partial U}{\partial x}, \quad F_y = -\frac{\partial U}{\partial y}, \quad F_z = -\frac{\partial U}{\partial z}$$

という関係にあるので、$\delta W = 0$ は

$$dU = \frac{\partial U}{\partial x}dx + \frac{\partial U}{\partial y}dy + \frac{\partial U}{\partial z}dz = -F_x\,dx - F_y\,dy - F_z\,dz = 0$$

となる。

さらに極値問題の場合には、$dU = 0$ は任意の方向の任意の微小変位に対して成立する必要があるので、dx, dy, dz は $\delta x, \delta y, \delta z$ と置くことができる。結局

$$-\delta U = \delta W = F_x\,\delta x + F_y\,\delta y + F_z\,\delta z = 0$$

のような対応関係が得られる。

ここで、いまわれわれが求めたいのは、ある束縛条件下で U（あるいは W）

の極値を与える座標 (x, y, z) であり、それが静止位置となる。

　このとき、ラグランジュの未定乗数法を使えば、束縛条件下での極値を簡単に求めることができる。詳細については、補遺 3-1 を参照されたい。

　いま、束縛条件を

$$f(x, y, z) = 0$$

と置く。

　すると、この束縛のもとで、U の極値つまり $\delta U = 0$ を与える条件は

$$F_x + \lambda \frac{\partial f}{\partial x} = 0 \quad かつ \quad F_y + \lambda \frac{\partial f}{\partial y} = 0 \quad かつ \quad F_z + \lambda \frac{\partial f}{\partial z} = 0$$

となる（補遺 3-1 参照）。さらに、束縛条件から、未定乗数 λ の値が得られ、その結果、安定点すなわち静止位置の座標 (x, y, z) を求めることができる。

演習 3-7　原点を下の頂点とする半径 r の中空の半球 $(0 \leq z \leq r)$ があり、その内側の曲面がなめらかとする。この半球内に、質量が m [kg]、電荷が q [C] の物体がある。この半球の x 軸方向に、均一な電場 E [V/m] を印加したときの、物体の静止位置を求めよ。ただし、重力加速度を g [m/s²] とする。

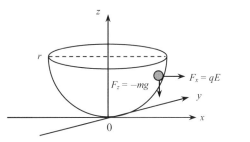

図 3-10

　解）　束縛条件は

$$f(x, y, z) = x^2 + y^2 + (z - r)^2 - r^2 = 0$$

と与えられる。

　静止位置の条件は λ を未定乗数として

$$F_x + \lambda \frac{\partial f}{\partial x} = 0 \qquad F_y + \lambda \frac{\partial f}{\partial y} = 0 \qquad F_z + \lambda \frac{\partial f}{\partial z} = 0$$

となる。ここで

$$\frac{\partial f}{\partial x} = 2x \qquad \frac{\partial f}{\partial y} = 2y \qquad \frac{\partial f}{\partial z} = 2(z - r)$$

ならびに

$$F_x = qE \qquad F_y = 0 \qquad F_z = -mg$$

であるから

$$F_x + \lambda \frac{\partial f}{\partial x} = qE + 2\lambda x = 0 \qquad F_y + \lambda \frac{\partial f}{\partial y} = 2\lambda y = 0$$

$$F_z + \lambda \frac{\partial f}{\partial z} = -mg + 2\lambda(z - r) = 0$$

よって

$$x = -\frac{qE}{2\lambda} \qquad y = 0 \qquad z = r + \frac{mg}{2\lambda}$$

となる。

　つぎに、未定乗数 λ を求める。いま求めた x, y, z を束縛条件である

$$f(x, y, z) = x^2 + y^2 + (z - r)^2 - r^2 = 0$$

に代入すると

$$\frac{(qE)^2 + (mg)^2}{4\lambda^2} - r^2 = 0$$

となり

$$\lambda^2 = \frac{(qE)^2 + (mg)^2}{4r^2}$$

から

$$\lambda = \pm \frac{\sqrt{(qE)^2 + (mg)^2}}{2r}$$

となる。このままでは ±2 個の解があるが

$$z = r + \frac{mg}{2\lambda} < r$$

において、$mg > 0$ であるから、λ は負となることがわかる。よって

$$\lambda = -\frac{\sqrt{(qE)^2 + (mg)^2}}{2r}$$

となり、結局、求める安定点の位置座標は

$$x = \frac{qE}{\sqrt{(qE)^2 + (mg)^2}} r \qquad y = 0 \qquad z = r - \frac{mg}{\sqrt{(qE)^2 + (mg)^2}} r$$

となる。

　このように、「仮想仕事の原理」とラグランジュの未定乗数法を利用することで、物体が静止する安定位置の座標を求めることができるのである。この手法の利点は、力ベクトルの数が増えた場合にも、同様の解法が、そのまま適用できる点にある。

3. 4.　ダランベールの原理

　仮想仕事の原理は、汎用性の高い解法であるが、静止した物体にしか適用できないという欠点がある[9]。これを加速度運動している物体にまで拡張できるのが、**ダランベールの原理** (d'Alembert's principle) である。

　3 次元空間を運動している物体の運動方程式は

$$\vec{F} = m\frac{d^2\vec{r}}{dt^2} \qquad \begin{pmatrix} F_x \\ F_y \\ F_z \end{pmatrix} = m\frac{d^2}{dt^2}\begin{pmatrix} x \\ y \\ z \end{pmatrix}$$

と与えられる。これをつぎのように、書き換えてみよう。

$$\vec{F} - m\frac{d^2\vec{r}}{dt^2} = 0$$

そして、これを力の釣り合いとみなすのである。

　等加速度運動している物体を静止系から眺めれば、もちろん、等加速度運動にしか見えない。しかし、同じ加速度で運動している系から見れば、その物体には力が働いていないように見える。その項が上式の第 2 項に相当すると考えればよい。

　たとえば、同様のことは地球上でも生じている。地球は、太陽のまわりを公転

---

[9] 合成した力ベクトルがゼロ、つまり $\vec{F} = 0$ が条件であるから、原理的には静止物体だけでなく、等速度運動をしている物体にも仮想仕事の原理を適用することができる。

しているし、太陽は銀河系を猛スピードで回転運動している。つまり、地球には力が働いて、複雑な運動をしているのであるが、地球上に住んでいるわれわれは、そのような力も運動も感じることはない。よって、地球上での物体の運動をわれわれが観察する場合は、あたかも、静止系での運動を解析しているのと等価である。これがダランベールの原理である。

ここで、運動物体では、力 $\vec{F}$ と力 $m\left(d^2\vec{r}/dt\right)$ が釣り合っていると考えると、仮想仕事を

$$\delta W = \left(\vec{F} - m\frac{d^2\vec{r}}{dt^2}\right)\cdot\delta\vec{r}$$

とすることができる。

そして、この値をゼロとみなすのが、仮想仕事の原理を拡張したダランベールの原理となる。

もちろん、物体は運動しているので、時間とともに座標 $\vec{r}$ が変化しているから $\vec{r} = \vec{r}(t)$ となる。つまり、この式は、あくまでも、ある瞬間における力の釣り合いを見ているのである。そして、時間変化に応じて、この関係をつなげていけば、結果として物体の運動の軌跡である $\vec{r} = \vec{r}(t)$ を求めることができる。

こうして、運動している物体の解析にも仮想仕事の原理が適用できることになる。それでは、より具体的な解析を進めていこう。

上記の式を成分表示すれば

$$\delta W = \left(F_x - m\frac{d^2x}{dt^2}\right)\cdot\delta x + \left(F_y - m\frac{d^2y}{dt^2}\right)\cdot\delta y + \left(F_z - m\frac{d^2z}{dt^2}\right)\cdot\delta z = 0$$

となる。ここで、運動している物体に何らかの束縛があるとしよう。そして、束縛条件として

$$f(x, y, z) = 0$$

を考える。すると補遺 3-1 に示すように、未定乗数を λ として

$$F_x - m\frac{d^2x}{dt^2} + \lambda\frac{\partial f}{\partial x} = 0 \qquad F_y - m\frac{d^2y}{dt^2} + \lambda\frac{\partial f}{\partial y} = 0$$

$$F_z - m\frac{d^2z}{dt^2} + \lambda\frac{\partial f}{\partial z} = 0$$

という等式が同時に成立する必要がある。

さらに、未定乗数の λ は束縛条件 $f(x, y, z) = 0$ から求めることができ、その結果、物体の運動の様子を解析することが可能となるのである。

演習 3-8　地表面となす角度が θ [rad] $(0 < \theta < \pi/2)$ のなめらかな坂を考える。質量が m [kg] の物体が、この坂を降下するときの加速度の大きさをダランベールの原理を用いて求めよ。ただし、重力加速度を g [m/s²] とする。

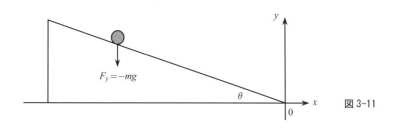

図 3-11

解）　図 3-11 のような 2 次元座標を考える。坂の最下点を原点にとると、物体の運動は坂に沿った運動となるので、直線

$$y = -(\tan\theta)\,x$$

に沿ったものとなる。

よって、運動に対する束縛条件は

$$f(x, y) = (\tan\theta)x + y = 0$$

となる。

ここで、束縛力（この場合は垂直抗力）以外の力の成分は

$$F_y = -mg$$

のみであるから、λ を未定乗数として

$$m\frac{d^2 x}{dt^2} = F_x + \lambda\frac{\partial f}{\partial x}$$

$$m\frac{d^2 y}{dt^2} = F_y + \lambda\frac{\partial f}{\partial y}$$

という 2 個の方程式が得られる。

$$\frac{\partial f}{\partial x} = \tan\theta \qquad\qquad \frac{\partial f}{\partial y} = 1$$

から

$$\frac{d^2x}{dt^2} = \frac{\lambda}{m}\tan\theta \qquad\qquad \frac{d^2y}{dt^2} = -g + \frac{\lambda}{m}$$

となる。

つぎに、束縛条件の t に関する 2 階微分をとれば

$$(\tan\theta)\frac{d^2x}{dt^2} + \frac{d^2y}{dt^2} = 0$$

が成立する。上記の関係を代入すると

$$(\tan\theta)^2\frac{\lambda}{m} - g + \frac{\lambda}{m} = 0$$

から、未定乗数は

$$\lambda = \frac{mg}{1+\tan^2\theta}$$

と与えられる。よって

$$\frac{d^2x}{dt^2} = \frac{g\tan\theta}{1+\tan^2\theta}$$

$$\frac{d^2y}{dt^2} = -g + \frac{\lambda}{m} = -g + \frac{g}{1+\tan^2\theta} = \frac{-g\tan^2\theta}{1+\tan^2\theta}$$

となる。

加速度の大きさは

$$a_x = \frac{\tan\theta}{1+\tan^2\theta}g \qquad\qquad a_y = -\frac{\tan^2\theta}{1+\tan^2\theta}g$$

となるので、坂に沿った方向の加速度 a は

$$a = \sqrt{a_x{}^2 + a_y{}^2}$$

と与えられる。ここで

$$a_x{}^2 + a_y{}^2 = \left(\frac{\tan\theta}{1+\tan^2\theta}\right)^2 g^2 + \left(\frac{-\tan^2\theta}{1+\tan^2\theta}\right)^2 g^2 = \frac{\tan^2\theta + \tan^4\theta}{(1+\tan^2\theta)^2}g^2$$

$$= \frac{\tan^2\theta}{1+\tan^2\theta}g^2 = \cos^2\theta\tan^2\theta\,g^2 = g^2\sin^2\theta$$

となる。

　結局、$0 < \theta < \pi/2$ であるから、坂に沿った加速度は

$$a = g \sin \theta$$

となる。

　このように、ダランベールの原理を適用すると運動している物体にも、仮想仕事の原理の手法が使えるのである。

3.5.　ラグランジアンの導出

　それでは、ダランベールの原理を利用することで、ラグランジアンの導出を行ってみよう。力が働いて、運動している物体の仮想仕事は

$$\delta W = \left(F_x - m\frac{d^2 x}{dt^2} \right)\cdot\delta x + \left(F_y - m\frac{d^2 y}{dt^2} \right)\cdot\delta y + \left(F_z - m\frac{d^2 z}{dt^2} \right)\cdot\delta z$$

となる。

　ここでは、束縛のない自由な運動を考えている。そして、$\delta W = 0$ となる条件から、運動の様子を解析することができるのであった。つまり、この条件を満足しながら物体は運動を続けるものと考えられるのである。

　ここで、ある物体が、$x = x_1$ [m] の位置から $x = x_2$ [m] までの区間を、時間 $t = t_1$ [s] から $t = t_2$ [s] まで運動することを考える。このとき、図 3-12 の x–t 図に示すように、(x_1, t_1) から (x_2, t_2) に至る経路はいろいろと考えられる。

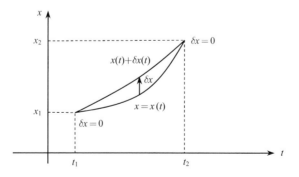

図 3-12　物体が運動する経路に変分法の考えを適用する。もっとも仕事が小さくなる経路を $x = x(t)$ とすると、この経路から、わずかに δx 変位させても $\delta W = 0$ となる。

ここで、第 1 章で紹介した変分法を利用して、仕事が最も小さくなる経路を求めることを考えてみよう。

　いろいろな経路の中で、仕事が極小となる経路を $x = x(t)$ と仮定する。すると、この曲線から、わずかに δx だけ変位したとき、$\delta W = 0$ となるのが求める経路である。したがって $x = x(t)$ は

$$\int_{t_1}^{t_2} \delta W \, dt = 0$$

を満足することになる。この条件は

$$\int_{t_1}^{t_2} \delta W \, dt = \int_{t_1}^{t_2} \left\{ (W + \delta W) - W \right\} dt = \int_{t_1}^{t_2} (W + \delta W) \, dt - \int_{t_1}^{t_2} W \, dt$$

$$= \delta \int_{t_1}^{t_2} W \, dt = 0$$

と変形できる。ここで

$$I[W] = \int_{t_1}^{t_2} W \, dt$$

と置けば、これは関数 W の積分汎関数である。そして

$$\delta I = \delta \int_{t_1}^{t_2} W \, dt = 0$$

のように、汎関数が停留値をとる条件を求めることになるので、まさに変分問題となる。

　x 方向を考えると、この条件は

$$\delta \int_{t_1}^{t_2} W \, dt = \int_{t_1}^{t_2} \delta W \, dt = \int_{t_1}^{t_2} \left\{ \left(F_x - m \frac{d^2 x}{dt^2} \right) \delta x \right\} dt = 0$$

となる。被積分関数を整理すると

$$\int_{t_1}^{t_2} (F_x \, \delta x) \, dt - \int_{t_1}^{t_2} \left\{ m \left(\frac{d^2 x}{dt^2} \right) \delta x \right\} dt = 0$$

となる。ここで、右辺の第 1 項は

$$\int_{t_1}^{t_2} (F_x \, \delta x) \, dt = - \int_{t_1}^{t_2} \delta U \, dt$$

と置くことができる。ただし、U はポテンシャルエネルギーである。

演習 3-9　第 2 項に部分積分を適用して、運動エネルギー T の変分 δT となることを示せ。

　解）　部分積分は

$$\int f'(t)g(t)\,dt = f(t)g(t) - \int f(t)g'(t)\,dt$$

であった。ここで、$\delta \int_{t_1}^{t_2} W\,dt$ の第 2 項である

$$\int_{t_1}^{t_2} \left\{ m\left(\frac{d^2x}{dt^2}\right)\delta x \right\} dt$$

において

$$f'(t) = m\frac{d^2x}{dt^2} \qquad\qquad g(t) = \delta x$$

と置くと

$$f(t) = m\frac{dx}{dt} \qquad\qquad g'(t) = \frac{d}{dt}(\delta x)$$

となる。よって、部分積分を適用すると

$$\int_{t_1}^{t_2} \left\{ m\left(\frac{d^2x}{dt^2}\right)\delta x \right\} dt = \left[m\left(\frac{dx}{dt}\right)\delta x \right]_{t_1}^{t_2} - \int_{t_1}^{t_2} \left\{ m\left(\frac{dx}{dt}\right)\frac{d}{dt}(\delta x) \right\} dt$$

となる。

　ここで、t_1 および t_2 において $\delta x = 0$ であるから、最初の項は

$$\left[m\left(\frac{dx}{dt}\right)\delta x \right]_{t_1}^{t_2} = m\left(\frac{dx}{dt}\bigg|_{t=t_2}\right)\delta x(t_2) - m\left(\frac{dx}{dt}\bigg|_{t=t_1}\right)\delta x(t_1) = 0 - 0 = 0$$

となる。ただし

$$\frac{dx}{dt}\bigg|_{t=t_2} \qquad\qquad \text{ならびに} \qquad\qquad \frac{dx}{dt}\bigg|_{t=t_1}$$

は、$t = t_2$ および $t = t_1$ における dx/dt の値という意味である。

それでは、つぎの積分項について見てみよう。まず

$$\frac{d}{dt}(\delta x) = \delta\left(\frac{dx}{dt}\right) = \delta \dot{x}$$

という関係が成立する。この関係は第 1 章で紹介した変分と微分の交換である。すると

$$m\left(\frac{dx}{dt}\right)\frac{d}{dt}(\delta x) = m\left(\frac{dx}{dt}\right)\delta \dot{x} = m\dot{x}\,\delta \dot{x}$$

と変形できる。結局、第 2 項の積分は

$$\int_{t_1}^{t_2}\left\{m\left(\frac{dx}{dt}\right)\frac{d}{dt}(\delta x)\right\}dt = \int_{t_1}^{t_2} m\dot{x}\,\delta \dot{x}\,dt$$

となる。ここで、運動エネルギー $T = (1/2)m\dot{x}^2$ の変分をとると

$$\delta T = \delta\left\{\frac{1}{2}m(\dot{x})^2\right\} = \frac{1}{2}m(\dot{x} + \delta \dot{x})^2 - \frac{1}{2}m\dot{x}^2 = \frac{1}{2}m(\delta \dot{x})^2 + m\dot{x}\,\delta \dot{x}$$

となるが、微小変位の 2 乗の項である $(\delta \dot{x})^2$ は無視できるので

$$\delta T = \delta\left\{\frac{1}{2}m(\dot{x})^2\right\} = m\dot{x}\,\delta \dot{x}$$

となる。よって、第 2 項の積分は

$$\int_{t_1}^{t_2}\left\{m\left(\frac{d^2x}{dt^2}\right)\delta x\right\}dt = -\int_{t_1}^{t_2}\left\{m\left(\frac{dx}{dt}\right)\frac{d(\delta x)}{dt}\right\}dt = -\int_{t_1}^{t_2} m\,\dot{x}\,\delta \dot{x}\,dt$$

$$= -\int_{t_1}^{t_2}\delta\left\{\frac{1}{2}m(\dot{x})^2\right\}dt = -\int_{t_1}^{t_2}\delta T\,dt$$

となって、被積分項が δT となることが確かめられる。

以上の結果をまとめると

$$\delta\int_{t_1}^{t_2} W\,dt = \int_{t_1}^{t_2}(F_x\,\delta x)\,dt - \int_{t_1}^{t_2}\left\{m\left(\frac{d^2x}{dt^2}\right)\delta x\right\}dt$$

$$= -\int_{t_1}^{t_2}\delta U\,dt + \int_{t_1}^{t_2}\delta T\,dt = \int_{t_1}^{t_2}\delta(T - U)\,dt$$

となる。ここで

$$\int_{t_1}^{t_2} \delta(T-U)\,dt = \int_{t_1}^{t_2} \delta L\,dt = \int_{t_1}^{t_2} \left\{ (L+\delta L)-L \right\} dt$$

$$= \int_{t_1}^{t_2} (L+\delta L)\,dt - \int_{t_1}^{t_2} L\,dt = \delta \int_{t_1}^{t_2} L\,dt$$

という関係にあるので

$$\delta \int_{t_1}^{t_2} W\,dt = \int_{t_1}^{t_2} \delta(T-U)\,dt = \delta \int_{t_1}^{t_2} L\,dt = 0$$

となり、運動物体の仮想仕事の原理つまりダランベールの原理から、ラグランジアン L が得られるのである。いまは、x 方向について考えたが、y 方向、z 方向についても同様である。

　ところで、解析力学もニュートン力学も、手法に違いはあるものの、運動解析においては、同じ結果を与えなければならない。実際、いま行ったラグランジアンの導入においても、ニュートンの運動方程式

$$F_x = m\frac{d^2 x}{dt^2}$$

が成立することを前提としている。

　そのうえで、仮想仕事の原理において、つりあい点が

$$F_x - m\frac{d^2 x}{dt^2} = 0$$

を満足するとして

$$\delta W = \left(F_x - m\frac{d^2 x}{dt^2} \right)\delta x = 0$$

をもとに、変分原理に沿うように式を変形していくと、積分汎関数の被積分関数として $L = T-U$ が得られるのである。これがラグランジアンである。

　第 2 章で、オイラー方程式において、ニュートンの運動方程式が得られるような関数を探すと $L = T-U$ となるという考えもあることを紹介したが、まさに、いまの導出プロセスがそれに相当する。

　つまり、変分原理を物体の運動に適用することで、ラグランジュ方程式が得られ、ニュートンの運動方程式が導出できることを第 2 章で示したが、本章で紹介した手法は、いわば、その逆のプロセスに相当するのである。

補遺 3-1　ラグランジュの未定乗数法

A3. 1.　極値問題

3 変数関数 $w = f(x, y, z)$ の**極値問題** (extremal problem) を考えてみよう。ある点が**極値** (extreme) となる条件は、$\Delta x, \Delta y, \Delta z$ をそれぞれ x, y, z 方向の微小変化としたとき

$$\Delta w = f(x + \Delta x, y + \Delta y, z + \Delta z) - f(x, y, z)$$

が、どのような $\Delta x, \Delta y, \Delta z$ に対しても、常に 0 となることを意味している。

w の**全微分** (total differential) を使うと、w の微小変化は

$$dw = \frac{\partial f(x, y, z)}{\partial x} dx + \frac{\partial f(x, y, z)}{\partial y} dy + \frac{\partial f(x, y, z)}{\partial z} dz$$

と与えられる。極値を与える点では、どの方向に動かしても $dw = 0$ とならなければならない。よって、任意の dx, dy, dz に対して、常に $dw = 0$ が成立するのが極値を与える条件である。

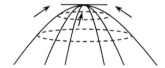 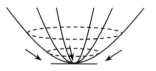

図 A3-1　関数の極値の近傍では、どの方向に動かしても $dw = 0$ でなければならない。

したがって

$$\frac{\partial f(x, y, z)}{\partial x} = 0 \qquad \frac{\partial f(x, y, z)}{\partial y} = 0 \qquad \frac{\partial f(x, y, z)}{\partial z} = 0$$

のすべてが成立するのが極値をとる条件となる。

演習 A3-1 つぎの関数の極値を求めよ。
$$w = f(x, y, z) = x^2 + y^2 + (z-2)^2 + 1$$

解) 極値をとる条件は

$$\frac{\partial w}{\partial x} = \frac{\partial f(x,y,z)}{\partial x} = 2x = 0 \qquad \frac{\partial w}{\partial y} = \frac{\partial f(x,y,z)}{\partial y} = 2y = 0$$

$$\frac{\partial w}{\partial z} = \frac{\partial f(x,y,z)}{\partial z} = 2(z-2) = 0$$

から $(x, y, z) = (0, 0, 2)$ が極値を与える。極値は

$$w = 0^2 + 0^2 + (2-2)^2 + 1 = 1$$

から $w = 1$ となる。

A3.2. 条件付極値

一方、変数どうしに相関がある場合には極値は異なる。それを確かめてみよう。x と y に相関があり $y = x + 2$ という関係がある場合の

$$w = f(x, y, z) = x^2 + y^2 + (z-2)^2 + 1$$

の極値はどうなるだろうか。

$w = f(x, y, z)$ の y に $x + 2$ を代入すると

$$w = x^2 + y^2 + (z-2)^2 + 1 = x^2 + (x+2)^2 + (z-2)^2 + 1$$

となり、3 変数関数ではなく、2 変数関数の極値問題となる。よって

$$w = 2x^2 + 4x + (z-2)^2 + 5$$

の極値を求めればよい。

この 2 変数関数の全微分は

$$dw = \frac{\partial w}{\partial x}dx + \frac{\partial w}{\partial z}dz = (4x+4)dx + 2(z-2)dz$$

となる。

この場合、極値では、任意の dx と dz に対して、常に $dw = 0$ でなければならない。よって、極値を与える条件は

$$\frac{\partial w}{\partial x} = (4x+4) = 0 \quad かつ \quad \frac{\partial w}{\partial z} = 2(z-2) = 0$$

となり $x = -1, z = 2$ となる。

また $y = x + 2$ という関係にあったので $y = 1$ となって y 座標も得られる。結局、極値を与える点は

$$(x, y, z) = (-1, 1, 2)$$

となり、極値は

$$w = x^2 + y^2 + (z-2)^2 + 1 = 1^2 + (-1)^2 + (2-2)^2 + 1 = 3$$

となる。

このように、変数間に相関がある場合には、相関がない場合の極値とは異なるのである。そして、このような極値を**条件付極値** (constrained extremum) と呼んでいる。

A3. 3.　未定乗数法

条件付極値を求める場合に威力を発揮するのが、**ラグランジュの未定乗数法** (method of Lagrange multiplier) と呼ばれる手法である。実は、この手法が開発されるまでは、条件付極値を求める場合、図 A3-2 に示すように、束縛条件をグラフ化して、もとの関数との幾何学的な相対関係を調べながら、極大と極小などを求めていたのである。しかし、これでは、条件ごとに解が異なるため、余分な作業を必要とした。

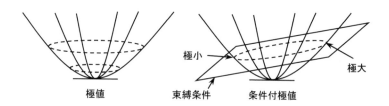

図 A3-2　通常の極値と条件付極値の概念図。関数の極値は、偏微分を利用することで、系統的に求めることができる。しかし、束縛条件がある場合は、右図に示したように、条件ごとに図形が異なるため、幾何学的な考察によって、極大と極小を与える点を判断する必要がある。

　これに対し、ラグランジュが発見した未定乗数法は、すべての場合に適用できる一般化された手法であり、束縛条件下での極値の解法がいとも簡単化になったのである。この手法を具体例で見ていこう。

　3 変数関数 $w = f(x, y, z)$ の極値を求める問題において、変数間の相関が

$$g(x, y, z) = 0$$

と与えられるとする。これが**束縛条件** (constrained condition) である。

　束縛条件を与える関数の全微分は

$$\frac{\partial g(x, y, z)}{\partial x} dx + \frac{\partial g(x, y, z)}{\partial y} dy + \frac{\partial g(x, y, z)}{\partial z} dz = 0$$

となる。ここで、煩雑さをさけるために

$$g_x \, dx + g_y \, dy + g_z \, dz = 0$$

と表記しよう。g_x は関数 $g(x, y, z)$ の x に関する**偏微分** (partial differential) という意味である。つまり

$$\frac{\partial g(x, y, z)}{\partial x} = g_x \qquad \frac{\partial f(x, y, z)}{\partial y} = f_y$$

という表記を採用する。変数間の相関をこのように表現すると

$$dz = -\frac{g_x}{g_z} dx - \frac{g_y}{g_z} dy$$

と置ける。

　もはや、dz は独立に変化することはできず、dx と dy の**束縛** (constraint) を受けるという意味である。これをもとの式

$$dw = \frac{\partial f(x, y, z)}{\partial x} dx + \frac{\partial f(x, y, z)}{\partial y} dy + \frac{\partial f(x, y, z)}{\partial z} dz = f_x dx + f_y dy + f_z dz$$

に代入してみよう。すると

$$dw = f_x dx + f_y dy + f_z dz = f_x dx + f_y dy \ - f_z \frac{g_x}{g_z} dx - f_z \frac{g_y}{g_z} dy$$

となり

$$dw = \left(f_x - f_z \frac{g_x}{g_z} \right) dx + \left(f_y - f_z \frac{g_y}{g_z} \right) dy$$

となる。

　変数間の相関は式が 1 個である。よって、dz の自由度はないが、dx, dy は自由

に選ぶことができるので、$dw = 0$ が成立するためには

$$f_x - f_z \frac{g_x}{g_z} = 0 \qquad f_y - f_z \frac{g_y}{g_z} = 0$$

が条件となる。

演習 A3-2 $f_z / g_z = \lambda$ と置いて、極値を与える条件を求めよ。

解）

$$f_x - f_z \frac{g_x}{g_z} = f_x - \frac{f_z}{g_z} g_x = f_x - \lambda g_x = 0$$

$$f_y - f_z \frac{g_y}{g_z} = f_y - \frac{f_z}{g_z} g_y = f_y - \lambda g_y = 0$$

となる。

さらに、$f_z / g_z = \lambda$ と置いているので、z 方向の条件は

$$f_z - \lambda g_z = 0$$

と変形できる。

結局

$$f_x - \lambda g_x = 0 \qquad f_y - \lambda g_y = 0 \qquad f_z - \lambda g_z = 0$$

が極値を与える条件となる。

もとの関数形で表記すると、x 成分は

$$\frac{\partial f(x,y,z)}{\partial x} - \lambda \frac{\partial g(x,y,z)}{\partial x} = 0$$

となるが、これは

$$\frac{\partial}{\partial x}\{f(x,y,z) - \lambda g(x,y,z)\} = 0$$

と置ける。同様に

$$\frac{\partial}{\partial y}\{f(x,y,z) - \lambda g(x,y,z)\} = 0 \qquad \frac{\partial}{\partial z}\{f(x,y,z) - \lambda g(x,y,z)\} = 0$$

となるが、これは

$$u = f(x,y,z) - \lambda g(x,y,z)$$

という関数の極値を束縛条件なしで与えるものである。u の全微分は

$$du = \frac{\partial u}{\partial x}dx + \frac{\partial u}{\partial y}dy + \frac{\partial u}{\partial z}dz$$

$$= \frac{\partial(f - \lambda g)}{\partial x}dx + \frac{\partial(f - \lambda g)}{\partial y}dy + \frac{\partial(f - \lambda g)}{\partial z}dz$$

$$= (f_x - \lambda g_x)dx + (f_y - \lambda g_y)dy + (f_z - \lambda g_z)dz$$

となり、u が極値をとる条件は、任意の dx, dy, dz に対して、$du = 0$ 式が成立することから、上記の 3 式が得られることになる。

　まとめると

$$w = f(x, y, z)$$

という関数の極値を

$$g(x, y, z) = 0$$

という束縛条件のもとで、条件付極値を求める問題は

$$u = f(x, y, z) - \lambda g(x, y, z)$$

という関数の極値を束縛条件なしで求める問題に還元できることになるのである。この λ のことを**未定乗数** (undetermined multiplier) と呼び、この手法を**ラグランジュの未定乗数法** (method of Lagrange multiplier) と呼んでいる。

演習 A3-3　$y = x + 2$ という束縛条件のもとで
$$w = f(x, y, z) = x^2 + y^2 + (z - 2)^2 + 1$$
の極値をラグランジュの未定乗数法により求めよ。

　解）　束縛条件は

$$g(x, y, z) = x - y + 2 = 0$$

となる。

　したがって、λ を未定乗数として

$u = f(x, y, z) - \lambda g(x, y, z)$

$= x^2 + y^2 + (z - 2)^2 + 1 - \lambda(x - y + 2) = x^2 - \lambda x + y^2 + \lambda y + (z - 2)^2 - 2\lambda + 1$

の極値を考えればよい。

　このとき、極値を与える条件は

$$\frac{\partial u}{\partial x} = 2x - \lambda = 0 \qquad \frac{\partial u}{\partial y} = 2y + \lambda = 0 \qquad \frac{\partial u}{\partial z} = 2(z-2) = 0$$

から

$$x = \frac{\lambda}{2} \qquad y = -\frac{\lambda}{2} \qquad z = 2$$

となる。ここで、束縛条件

$$x - y + 2 = 0$$

に代入すると

$$\lambda + 2 = 0 \qquad から \qquad \lambda = -2$$

となり

$$x = -1 \qquad y = 1 \qquad z = 2$$

となり、極値は

$$w = x^2 + y^2 + (z-2)^2 + 1 = (-1)^2 + 1^2 + (2-2)^2 + 1 = 3$$

となる。

　当然、先ほどと同じ解が得られる。また、演習からわかるように、未定乗数の λ は束縛条件から、その値を得ることができるのである。

第 4 章　一般化座標

　解析力学には大きな利点がある。それは、選ぶ座標系に関係なく、その基本的な形式、たとえば、ラグランジュの運動方程式が使えるという特徴である。

　ニュートン力学では、ご存知のように直交座標で得られる方程式を極座標に変換しようとするとかたちが変化する。3 次元の 2 階偏微分方程式の変換では、ノートに書けば何ページにもわたる計算が必要になる。しかし、解析力学では、座標変換しても式のかたちが変わらないのである。

　はじめて、この事実に接すると不思議に感じるが、一方で、使う側からすれば、ひとつの定式にそって式を立てればよいので、とても便利である。本章では、その説明を行い、解析力学で利用する抽象化された座標である**一般化座標** (generalized coordinate) という考えを紹介する。

4.1.　ラグランジアンと座標

　ラグランジュの運動方程式 (Lagrange's equation of motion) は、位置座標を q とすると

$$\frac{d}{dt}\left(\frac{\partial L}{\partial \dot{q}}\right) - \frac{\partial L}{\partial q} = 0$$

と与えられる。

　ただし、L はラグランジアン

$$L = T - U$$

である。

　この方程式から、**ニュートンの運動方程式** (Newton's equation of motion) が導出できることも、すでに説明した。

　実際の物体の運動は 3 次元空間で生じるので、ラグランジュの運動方程式は、直交座標で示すと

$$\frac{d}{dt}\left(\frac{\partial L}{\partial \dot{x}}\right) - \frac{\partial L}{\partial x} = 0 \qquad \frac{d}{dt}\left(\frac{\partial L}{\partial \dot{y}}\right) - \frac{\partial L}{\partial y} = 0$$

$$\frac{d}{dt}\left(\frac{\partial L}{\partial \dot{z}}\right) - \frac{\partial L}{\partial z} = 0$$

の 3 個となる。

　このように、3 次元空間の運動では、$x = x(t)$, $y = y(t)$, $z = z(t)$ の 3 方向の時間変化を求めないと、物体の運動を記述できない。

　このとき、運動を記述するために必要な**独立変数** (independent variable) の数のことを**自由度** (degree of freedom) と呼んでいる。そして、自由度 3 の運動に対しては、直交座標だけでなく、他の座標系でも変数が 3 個あれば、運動の記述が可能となる。ただし、その座標変換は簡単ではない。ニュートンの運動方程式を直交座標から他の座標系に変換する際は、かなりの苦労を要する。

　ところが、ラグランジュの運動方程式は、他の座標系においても、まったく同じ形式が維持されるのである。

　たとえば 3 次元の極座標 (r, θ, ϕ) 系のラグランジュの運動方程式は

$$\frac{d}{dt}\left(\frac{\partial L}{\partial \dot{r}}\right) - \frac{\partial L}{\partial r} = 0 \qquad \frac{d}{dt}\left(\frac{\partial L}{\partial \dot{\theta}}\right) - \frac{\partial L}{\partial \theta} = 0$$

$$\frac{d}{dt}\left(\frac{\partial L}{\partial \dot{\phi}}\right) - \frac{\partial L}{\partial \phi} = 0$$

となり、かたちだけみれば、直交座標の x, y, z を単に r, θ, ϕ へと変えただけとなっている。これら式を解くことによって、$r(t), \theta(t), \phi(t)$ が与えられ、3 次元空間での運動の様子が極座標で得られる。

　第 2 章でも紹介したが、ニュートンの運動方程式について、2 次元空間における座標変換による違いを再確認してみよう。まず、直交座標系では

$$F_x = m\frac{d^2 x}{dt^2} = m\ddot{x} \qquad F_y = m\frac{d^2 y}{dt^2} = m\ddot{y}$$

という簡単な式となる。これを極座標に変換すると、補遺 2-1 に示したように

$$F_r = m(\ddot{r} - r\dot{\theta}^2) \qquad F_\theta = m(2\dot{r}\dot{\theta} + r\ddot{\theta})$$

となって、直交座標とは、まったく異なる定式となる。

　このような違いがあるにもかかわらず、ラグランジュの運動方程式では直交座

標においても、極座標においても同じ形式で済んでしまうのである。

　ニュートンの運動方程式の基本は、力のつり合いである。3 次元では、3 個の異なる軸における力のつり合いとなりベクトル方程式となる。

　一方、ラグランジュの運動方程式で基本となるのは $L = T - U$ というラグランジアンであり、ベクトルではなくスカラーである。そして、スカラーの極値を求める問題となるので、座標に依存しないのである。

　たとえば、簡単な例として

$$z = z(x,y) = x^2 + y^2 + a$$

という関数を考えてみよう。

　この関数を、円柱座標に変換したらどうなるだろうか。すると

$$x = r \cos \theta, \quad y = r \sin \theta, \quad z = z$$

となるから

$$x^2 + y^2 = r^2 \cos^2 \theta + r^2 \sin^2 \theta = r^2 (\cos^2 \theta + \sin^2 \theta) = r^2$$

より

$$z = f(r,\theta) = r^2 + a$$

となる。これらをグラフで表現すると、図 4-1 のように、グラフの形状は変化しない。

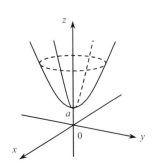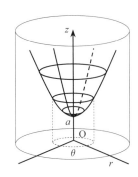

図 4-1　$z = x^2 + y^2 + a$ を円柱座標で表示すれば $z = r^2 + a$ となり、式のかたちが変わるが、その形状や極小を与える停留点は変化しない。

　このとき、重要な視点は、ラグランジュの運動方程式は、作用積分

$$I = \int L\,dt$$

が極小となる点を求めているという事実である。そして、関数の極小点とその値は、座標系が変わっても変化しない。

　それをつぎの関数で確かめてみよう。

$$z = x^2 + 2(x - y) + y^2 + 3$$

まず、この関数の極値を求めてみよう。極値をとる条件は、どの方向の微小変化に対しても $dz = 0$ となることである。

　ここで、$z = z(x, y)$ の全微分は

$$dz = \frac{\partial z}{\partial x}dx + \frac{\partial z}{\partial y}dy$$

であり

$$\frac{\partial z}{\partial x} = 2x + 2, \quad \frac{\partial z}{\partial y} = 2y - 2$$

から

$$(2x + 2)dx + (2y - 2)dy = 0$$

となる。

　任意の dx, dy に対して、この式が恒等的に成立するという条件から

$$2x + 2 = 0 \qquad ならびに \qquad 2y - 2 = 0$$

となり、極値を与える点は

$$(x, y) = (-1, 1)$$

となる。また、極値は

$$z = x^2 + 2(x - y) + y^2 + 3 = (-1)^2 + 2(-1 - 1) + 1^2 + 3 = 1$$

となる。

　つぎに、この関数

$$z = x^2 + 2(x - y) + y^2 + 3$$

を、円柱座標に変換する。

$$x = r\cos\theta, \quad y = r\sin\theta, \quad z = z$$

であり

$$x^2 + y^2 = r^2(\cos^2\theta + \sin^2\theta) = r^2$$
$$2(x - y) = 2r(\cos\theta - \sin\theta)$$

から、変換後は

$$z = r^2 + 2r(\cos\theta - \sin\theta) + 3$$

となる。

演習 4-1　円柱座標における関数

$$z = r^2 + 2r(\cos\theta - \sin\theta) + 3$$

の極値を求めよ。

解)　円柱座標において、極値を与える条件は r 方向ならびに θ 方向の微小変化に対して常に $dz = 0$ となることである。まず $z = z(r, \theta)$ の全微分は

$$dz = \frac{\partial z}{\partial r}dr + \frac{\partial z}{\partial \theta}d\theta$$

であるが、いまの場合

$$\frac{\partial z}{\partial r} = 2r + 2(\cos\theta - \sin\theta) \qquad \frac{\partial z}{\partial \theta} = -2r(\sin\theta + \cos\theta)$$

から

$$(r + \cos\theta - \sin\theta)dr - r(\sin\theta + \cos\theta)d\theta = 0$$

となる。

任意の $dr, d\theta$ に対して、この式が恒等的に成立するという条件から

$$r + \cos\theta - \sin\theta = 0, \quad r(\sin\theta + \cos\theta) = 0$$

が成立する必要がある。

まず、任意の r に対して 2 個めの式が成立することから

$$\sin\theta = -\cos\theta$$

という条件が課せられる。これを満足するのは、$0 < \theta \leq 2\pi$ とすると

$$\theta = \frac{3}{4}\pi, \quad \frac{7}{4}\pi$$

となる。つぎに、動径は $r \geq 0$ であるので、最初の条件式

$$r = \sin\theta - \cos\theta$$

から $\theta = (3/4)\pi$ が得られる。

また、このとき

$$r = \sin\left(\frac{3}{4}\pi\right) - \cos\left(\frac{3}{4}\pi\right) = \frac{1}{\sqrt{2}} + \frac{1}{\sqrt{2}} = \sqrt{2}$$

となり、極値を与える点は

$$(r, \theta) = \left(\sqrt{2}, \frac{3}{4}\pi\right)$$

となり、極値は

$$z = r^2 + 2r(\cos\theta - \sin\theta) + 3 = (\sqrt{2})^2 + 2\sqrt{2}\left\{\cos\left(\frac{3}{4}\pi\right) - \sin\left(\frac{3}{4}\pi\right)\right\} + 3$$

$$= 2 + 2\sqrt{2}\left(-\frac{1}{\sqrt{2}} - \frac{1}{\sqrt{2}}\right) + 3 = 2 - 4 + 3 = 1$$

となる。

　ここで、極座標における点 $(r, \theta) = \left(\sqrt{2}, \frac{3}{4}\pi\right)$ は、直交座標では

$$(x, y) = \left(\sqrt{2}\cos\left(\frac{3}{4}\pi\right), \sqrt{2}\sin\left(\frac{3}{4}\pi\right)\right) = (-1, 1)$$

となり、両者は一致する。

　つまり、座標系が変わっても極値を与える停留点と、その値は変化しない。ラグランジュの運動方程式の基本は変分法にあり、停留点を求めることによって運動の軌跡を求めている。そして、座標系によって停留点は変化しないから、ラグランジュの運動方程式も変化しないのである。

4.2.　一般化座標

　すでに紹介したように、物体の運動を記述するために必要な独立変数の数のことを自由度と呼ぶ。1 個の物体が直線上を運動する場合の自由度は 1 であり、その運動を記述するためには時間の関数として 1 個の変数 $x(t)$ が必要となる。

　つぎに、1 個の物体が平面上を運動する場合の自由度は 2 であり、その運動を記述するためには、時間の関数として 2 個の変数である $x(t)$ および $y(t)$ が必要となる。

　ただし、座標としては、極座標である $r(t)$ および $\theta(t)$ を使ってもよい。また、通常は、x, y として互いに直交した**デカルト座標** (Cartesian coordinates) を選ぶの

が便利であるが、平行でなければ、適当な 2 軸を選んでもよいのである。

　ところで、われわれが住んでいるのは 3 次元空間である。そして、1 個の物体が 3 次元空間を運動するときの自由度は 3 であり、その運動を記述するためには、時間の関数として 3 個の変数である $x(t)$, $y(t)$, $z(t)$ が必要となる。

　ただし、座標としては、円柱座標である $r(t)$, $\theta(t)$, $z(t)$ や極座標である $r(t)$, $\theta(t)$, $\phi(t)$ を使ってもよい。いずれ、3 個の独立した変数があればよいのである。

　それでは、自由度は 3 で十分かというと、そうはいかない。力学では、複数の物体の運動を解析する必要がある。そして、2 個の物体が独立して 3 次元空間を運動する場合の自由度は 6 となる。この場合、2 個の物体を P_1, P_2 とすると、それぞれ 3 個ずつ

$$P_1\,(x_1, y_1, z_1) \qquad P_2\,(x_2, y_2, z_2)$$

のように計 6 個の座標が必要になるのである。もちろん、この座標は直交座標でも極座標でも構わない。

　ただし、有限の大きさの物体の場合には、その物体の回転なども考えないといけない。そこで、力学では、物体のかわりに大きさを持たない**質点** (mass point) というものを、まず考える。

　そして、一般的には、n 個の質点が 3 次元空間で互いに相互作用がなく運動する場合の自由度は $3n$ となる。よって、これら質点の運動を記述するためには、$3n$ 個の独立変数が必要となる。

　これら座標を、x, y, z に $x_1, x_2, x_3, \ldots, y_1, y_2, y_3, \ldots$ のように番号を付けたり、$r, \theta,$ ϕ という記号を用いて表記する。一般化座標は通常は q を用いて

$$q_1, q_2, q_3, \ldots, q_n$$

のように番号を付して表示する。また、座標としては、距離でも角度でもよく、自由度の数 n に対応すればよいのである。

　したがって、一般化座標を使えば n の自由度を持った系の、ラグランジュの運動方程式は

$$\frac{d}{dt}\left(\frac{\partial L}{\partial \dot{q}_i}\right) - \frac{\partial L}{\partial q_i} = 0 \qquad (i = 1, 2, 3, \ldots, n)$$

と一般化されることになる。

　このような対応が可能となるのは、ラグランジュの運動方程式が、座標系のとり方によらず、常に、同様の表式で与えられるという解析力学の特徴による。

ただし、注意点もある。それは一般化座標の単位である。直交座標では、位置座標の x, y は長さの単位 [m] を有する。一方、極座標の r, θ では、r は長さの単位 [m] を有するが、θ は角度であるから、単位は無次元の [rad] である。これは、半径と円の角度に対応した周長の比であるから [m]/[m] で無次元となるのである。

このように解析力学の一般化座標では、抽象化のおかげでラグランジュの運動方程式などの形式は保たれるが、物理量の単位が異なる場合があることに注意が必要となる。

4.3. 自由度と運動

一般化座標という考えに基づけば、運動の自由度がわかれば、必要な変数の数がわかり、ラグランジアン $L = T - U$ を求めて、自由度の数に応じたラグランジュの運動方程式を立てればよいことになる。

それでは、同手法を使って、**2 重振り子** (double pendulum) の運動を解析してみよう。図 4-2 に示すように、O 点に固定された長さ ℓ [m] のひもの先に質量 m [kg] の錘り P_1 をぶらさげる。さらに、同じ長さ ℓ [m] のひもを、この錘りにつけ、その先に、同じ質量 m[kg] の錘り P_2 をぶら下げる。ただし、θ_1, θ_2 は十分小さいものとする。

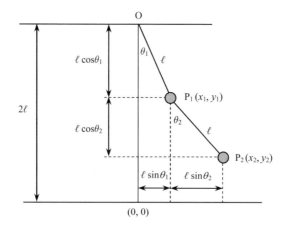

図 4-2 2 重振り子

　まず、この運動の自由度を考えてみよう。解析すべきは、錘り P_1 と P_2 の運動である。錘り P_1 は長さ ℓ[m] のひもで支点 O につながれており、半径 ℓ[m] の円周に沿って運動するので、その自由度は 1 である。そして、変数としては図に示した振れ角の θ_1 を採用すればよいことがわかる。

　つぎに、長さ 2ℓ のひもが鉛直下方につながったときの最下点を原点 (0, 0) として P_1 の座標を (x_1, y_1) と置く。

　このとき、座標は 2 変数からなっているが

$$x_1 = \ell \sin\theta_1 \qquad y_1 = 2\ell - \ell\cos\theta_1$$

という相関関係にあるので、θ_1 が決まれば、同時に x_1 と y_1 が決まる。よって、独立変数は θ_1 の 1 個であり、自由度は 1 となる。

　つぎに、錘り P_2 の運動の自由度について考えてみよう。P_2 の座標を (x_2, y_2) とすると

$$x_2 = \ell\sin\theta_1 + \ell\sin\theta_2 \qquad y_2 = 2\ell - \ell\cos\theta_1 - \ell\cos\theta_2$$

という関係にある。ここで、θ_1 が指定されていれば、その位置座標は θ_2 を指定すれば決まることになる。よって、その自由度は 1 となり、結果として系全体の自由度は 2 となる。

　つまり、2 重振り子の運動の独立変数（一般化座標）としては

$$q_1 = \theta_1 \qquad q_2 = \theta_2$$

を採用すればよいことがわかる。

　それでは、解析力学の手法であるラグランジアンに基づいて 2 重振り子の運動を解析していこう。

演習 4-2　図 4-2 に示す 2 重振り子の系の運動エネルギー T の表式を θ_1, θ_2 が十分小さいとき、一般化座標である θ_1, θ_2 について求めよ。

　解）　錘り P_1 の速度ベクトルを $\vec{v}_1$、錘り P_2 の速度ベクトルを $\vec{v}_2$ とすると、運動エネルギーは

$$T = \frac{1}{2}m\left|\vec{v}_1\right|^2 + \frac{1}{2}m\left|\vec{v}_2\right|^2$$

と与えられる。

　ここで、錘り P_1 の位置座標は

$$(x_1, y_1) = (\ell \sin\theta_1 ,\, 2\ell - \ell \cos\theta_1)$$

つぎに、錘り P_2 の位置座標は

$$(x_2, y_2) = (\ell \sin\theta_1 + \ell \sin\theta_2 ,\, 2\ell - \ell \cos\theta_1 - \ell \cos\theta_2)$$

となる。ここで、θ_1, θ_2 が十分小さいとき

$$\cos\theta_1 \cong 1,\; \sin\theta_1 \cong \theta_1 \qquad ならびに \qquad \cos\theta_2 \cong 1,\; \sin\theta_2 \cong \theta_2$$

と近似できるので、それぞれの位置座標は

$$(x_1, y_1) \cong (\ell\theta_1 ,\, \ell) \qquad\qquad (x_2, y_2) \cong (\ell\theta_1 + \ell\theta_2 ,\, 0)$$

となる。よって、速度ベクトルは

$$\vec{v}_1 = \left(\frac{dx_1}{dt}, \frac{dy_1}{dt} \right) \cong \left(\ell \frac{d\theta_1}{dt}, 0 \right) = (\ell\dot{\theta}_1 ,\, 0)$$

$$\vec{v}_2 = \left(\frac{dx_2}{dt}, \frac{dy_2}{dt} \right) \cong \ell \left(\frac{d\theta_1}{dt} + \frac{d\theta_2}{dt}, 0 \right) = \ell(\dot{\theta}_1 + \dot{\theta}_2 ,\, 0)$$

となる。したがって

$$\left| \vec{v}_1 \right|^2 \cong \ell^2 \dot{\theta}_1^{\,2} \qquad および \qquad \left| \vec{v}_2 \right|^2 \cong \ell^2 (\dot{\theta}_1 + \dot{\theta}_2)^2$$

となり、運動エネルギーは

$$T = \frac{1}{2} m \left| \vec{v}_1 \right|^2 + \frac{1}{2} m \left| \vec{v}_2 \right|^2 = \frac{1}{2} m\ell^2 \dot{\theta}_1^{\,2} + \frac{1}{2} m\ell^2 (\dot{\theta}_1 + \dot{\theta}_2)^2$$

$$= \frac{1}{2} m\ell^2 \dot{\theta}_1^{\,2} + \frac{1}{2} m\ell^2 (\dot{\theta}_1^{\,2} + 2\dot{\theta}_1 \dot{\theta}_2 + \dot{\theta}_2^{\,2}) = m\ell^2 \left(\dot{\theta}_1^{\,2} + \dot{\theta}_1 \dot{\theta}_2 + \frac{1}{2} \dot{\theta}_2^{\,2} \right)$$

となる。

つぎに、ポテンシャルエネルギー U を求めてみよう。$y=0$ のとき $U=0$ とすると

$$U = mg\, y_1 + mg\, y_2$$

となるが、図 4-2 から

$$y_1 = 2\ell - \ell \cos\theta_1 \qquad\qquad y_2 = 2\ell - \ell \cos\theta_1 - \ell \cos\theta_2$$

と求められる。

よって U は

$$U = mg(2\ell - \ell \cos\theta_1) + mg(2\ell - \ell \cos\theta_1 - \ell \cos\theta_2)$$

となる。

ただし、U がこのままのかたちでは、解析的に解を求めるのが難しい。そこで、少し工夫をする。最初の仮定である θ_1, θ_2 が十分小さいことから

$$\cos\theta = 1 - \frac{1}{2!}\theta^2 + \frac{1}{4!}\theta^4 - \frac{1}{6!}\theta^6 + \ldots$$

という級数展開の θ^2 の項までで近似して

$$\cos\theta \cong 1 - \frac{1}{2}\theta^2$$

という式を使う。すると

$$2\ell - \ell\cos\theta_1 \cong \ell\left\{2 - \left(1 - \frac{1}{2}\theta_1{}^2\right)\right\} = \ell\left(1 + \frac{1}{2}\theta_1{}^2\right)$$

$$2\ell - \ell\cos\theta_1 - \ell\cos\theta_2 \cong \ell\left(1 + \frac{1}{2}\theta_1{}^2\right) - \ell\left(1 - \frac{1}{2}\theta_2{}^2\right) = \frac{\ell}{2}(\theta_1{}^2 + \theta_2{}^2)$$

と近似できるから

$$U = mg\ell\left(1 + \frac{1}{2}\theta_1{}^2\right) + \frac{1}{2}mg\ell(\theta_1{}^2 + \theta_2{}^2) = mg\ell\left(1 + \theta_1{}^2 + \frac{1}{2}\theta_2{}^2\right)$$

となる。

演習 4-3　図 4-2 に示す 2 重振り子の系において、θ_1, θ_2 が十分小さいときのラグランジアン L およびラグランジュの運動方程式を求めよ。

解)　ラグランジアンは

$L = T - U$

$$= m\ell^2\left(\dot\theta_1{}^2 + \dot\theta_1\dot\theta_2 + \frac{1}{2}\dot\theta_2{}^2\right) - mg\ell\left(1 + \theta_1{}^2 + \frac{1}{2}\theta_2{}^2\right) = L(\theta_1, \theta_2, \dot\theta_1, \dot\theta_2)$$

となる。

つぎに、ラグランジュの運動方程式は、一般化座標を θ_1, θ_2 として

$$\frac{d}{dt}\left(\frac{\partial L}{\partial \dot\theta_1}\right) - \frac{\partial L}{\partial \theta_1} = 0$$

および

$$\frac{d}{dt}\left(\frac{\partial L}{\partial \dot{\theta}_2}\right) - \frac{\partial L}{\partial \theta_2} = 0$$

の 2 個となる。ここで

$$\frac{\partial L}{\partial \dot{\theta}_1} = m\ell^2 (2\dot{\theta}_1 + \dot{\theta}_2) \qquad \frac{\partial L}{\partial \dot{\theta}_2} = m\ell^2 (\dot{\theta}_1 + \dot{\theta}_2)$$

ならびに

$$\frac{\partial L}{\partial \theta_1} = -2mg\ell\,\theta_1 \qquad \frac{\partial L}{\partial \theta_2} = -mg\ell\,\theta_2$$

と計算できる。

したがって、ラグランジュの運動方程式は

$$m\ell^2 \frac{d(2\dot{\theta}_1 + \dot{\theta}_2)}{dt} + 2mg\ell\theta_1 = 0 \qquad m\ell^2 \frac{d(\dot{\theta}_1 + \dot{\theta}_2)}{dt} + mg\ell\theta_2 = 0$$

となる。整理すると

$$\ell\frac{d(2\dot{\theta}_1 + \dot{\theta}_2)}{dt} + 2g\theta_1 = 0 \qquad \ell\frac{d(\dot{\theta}_1 + \dot{\theta}_2)}{dt} + g\theta_2 = 0$$

から

$$2\ddot{\theta}_1 + \ddot{\theta}_2 = -2\frac{g}{\ell}\theta_1 \qquad \ddot{\theta}_1 + \ddot{\theta}_2 = -\frac{g}{\ell}\theta_2$$

という 2 個の方程式ができる。

これら方程式を連立させて解けば、求める θ_1 と θ_2 が得られる。ただし、その解法には工夫が必要となる。それは

$$\frac{d^2(A\theta_1 + B\theta_2)}{dt^2} = -\omega^2(A\theta_1 + B\theta_2)$$

あるいは

$$A\ddot{\theta}_1 + B\ddot{\theta}_2 = -\omega^2(A\theta_1 + B\theta_2)$$

というかたちへの変形である。

このとき

$$\Theta = A\theta_1 + B\theta_2$$

と置くと

$$\ddot{\Theta} = -\omega^2 \Theta$$

という単振動の方程式となり、ω は**角振動数** (angular frequency) となる。また、α および ϕ を定数として

$$\Theta = \alpha \cos(\omega t + \phi)$$

という解がただちに得られる[10]。実際に

$$\dot{\Theta} = -\omega \alpha \sin(\omega t + \phi) \qquad \ddot{\Theta} = -\omega^2 \alpha \cos(\omega t + \phi) = -\omega^2 \Theta$$

となって、$\Theta = \alpha \cos(\omega t + \phi)$ が、方程式 $\ddot{\Theta} = -\omega^2 \Theta$ の解となることが確かめられる。ただし、定数 α は単振動の**振幅** (amplitude) であり、ϕ は**初期位相** (initial phase) であり、$t = 0$ の位相つまり角度である。

　以上の方針をもとに、連立微分方程式を解法していこう。

演習 4-4　つぎの連立微分方程式を解法せよ。ただし、$k = g/\ell$ である。

$$\begin{cases} 2\ddot{\theta}_1 + \ddot{\theta}_2 = -2k\theta_1 \\ \ddot{\theta}_1 + \ddot{\theta}_2 = -k\theta_2 \end{cases}$$

　解）　2 番目の式に a を乗じて辺々を足すと

$$(2+a)\ddot{\theta}_1 + (1+a)\ddot{\theta}_2 = -k(2\theta_1 + a\theta_2)$$

となる。ここで

$$A\ddot{\theta}_1 + B\ddot{\theta}_2 = -\omega^2 (A\theta_1 + B\theta_2)$$

というかたちに変形するには

$$\frac{2+a}{1+a} = \frac{2}{a}$$

が成立するように a を選べばよい。すると

$$(2+a)a = 2(1+a) \qquad \text{から} \qquad a^2 + 2a = 2a + 2$$

---

[10]　$\Theta = \alpha \sin(\omega t + \phi)$ も解となる。

より

$$a^2 = 2 \quad \text{から} \quad a = \pm\sqrt{2}$$

となる。

$a = \sqrt{2}$ のとき

$$(2+\sqrt{2})\ddot{\theta}_1 + (1+\sqrt{2})\ddot{\theta}_2 = -k(2\theta_1 + \sqrt{2}\theta_2)$$

から

$$(1+\sqrt{2})\frac{d^2}{dt^2}(\sqrt{2}\,\theta_1 + \theta_2) = -\sqrt{2}k\,(\sqrt{2}\,\theta_1 + \theta_2)$$

となる。ここで

$$\Theta_1 = \sqrt{2}\theta_1 + \theta_2$$

と置けば

$$\ddot{\Theta}_1 = -\frac{\sqrt{2}}{\sqrt{2}+1}k\,\Theta_1$$

となる。さらに

$$\omega_1{}^2 = \frac{\sqrt{2}}{\sqrt{2}+1}k$$

と置くと

$$\ddot{\Theta}_1 = -\omega_1{}^2\Theta_1$$

となり、その解は

$$\Theta_1 = A_1\cos(\omega_1 t + \phi_1)$$

と与えられる。ただし、定数の A_1 は振幅、 ϕ_1 は初期位相である。

つぎに、 $a = -\sqrt{2}$ のとき

$$(2-\sqrt{2})\ddot{\theta}_1 + (1-\sqrt{2})\ddot{\theta}_2 = -k(2\theta_1 - \sqrt{2}\theta_2)$$

から

$$(\sqrt{2}-1)\frac{d^2}{dt^2}(\sqrt{2}\theta_1-\theta_2)=-\sqrt{2}k\,(\sqrt{2}\theta_1-\theta_2)$$

となる。ここで

$$\Theta_2=\sqrt{2}\theta_1-\theta_2$$

と置けば

$$\ddot{\Theta}_2=-\frac{\sqrt{2}}{\sqrt{2}-1}k\,\Theta_2$$

さらに

$$\omega_2{}^2=\frac{\sqrt{2}}{\sqrt{2}-1}k$$

と置くと

$$\ddot{\Theta}_2=-\omega_2{}^2\Theta_2$$

となり、その解は

$$\Theta_2=A_2\cos(\omega_2 t+\phi_2)$$

と与えられる。ただし、定数の A_2 は振幅、 ϕ_2 は初期位相である。

　したがって

$$\Theta_1=\sqrt{2}\theta_1+\theta_2=A_1\cos(\omega_1 t+\phi_1)$$

$$\Theta_2=\sqrt{2}\theta_1-\theta_2=A_2\cos(\omega_2 t+\phi_2)$$

となる。あとは、これら 2 式を θ_1, θ_2 について解けばよい。

　$\Theta_1+\Theta_2$ から

$$\theta_1=\frac{1}{2\sqrt{2}}\big\{A_1\cos(\omega_1 t+\phi_1)+A_2\cos(\omega_2 t+\phi_2)\big\}$$

また、$\Theta_1-\Theta_2$ から

$$\theta_2=\frac{1}{2}\big\{A_1\cos(\omega_1 t+\phi_1)-A_2\cos(\omega_2 t+\phi_2)\big\}$$

となる。

ただし

$$\omega_1{}^2 = \frac{\sqrt{2}}{\sqrt{2}+1}k = \frac{\sqrt{2}}{\sqrt{2}+1}\frac{g}{\ell} = (2-\sqrt{2})\frac{g}{\ell}$$

$$\omega_2{}^2 = \frac{\sqrt{2}}{\sqrt{2}-1}k = \frac{\sqrt{2}}{\sqrt{2}-1}\frac{g}{\ell} = (2+\sqrt{2})\frac{g}{\ell}$$

である。

　また、未定の定数項である A_1, A_2 ならびに ϕ_1, ϕ_2 は、境界条件や初期条件によって決定することができる。

　いまの2重振り子は、もっとも簡単なケースを扱ったものであるが、理工学分野への応用として、制御系の解析などの基礎を与える。

　ただし、実際の応用においては、より複雑な問題を解く必要がある。そこで、一般的な問題として図 4-3 のような設定を考えてみよう。

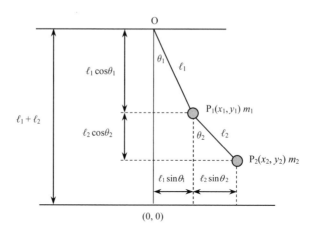

図 4-3　より一般化された2重振り子の運動の設定

　O 点に固定された長さ ℓ_1 [m] のひもの先に質量 m_1 [kg] の錘り P_1 をぶらさげ、さらに、長さ ℓ_2 [m] のひもを、この錘りにつけ、その先に、質量 m_2 [kg] の錘り P_2 をぶら下げる。

> **演習 4-5**　図 4-3 に示す 2 重振り子の運動のラグランジアン L を求めよ。

　解）　長さ $\ell_1+\ell_2$ のひもが鉛直下方につながったときの最下点を原点 $(0,0)$ とし、P_1 の座標を (x_1,y_1)、P_2 の座標を (x_2,y_2) とする。このとき、それぞれの錘りのふれ角を θ_1,θ_2 とすると

$$(x_1,y_1)=(\ell_1\sin\theta_1,\ \ell_1+\ell_2-\ell_1\cos\theta_1)$$
$$(x_2,y_2)=(\ell_1\sin\theta_1+\ell_2\sin\theta_2,\ \ell_1+\ell_2-\ell_1\cos\theta_1-\ell_2\cos\theta_2)$$

と与えられる。よって、一般化座標としては、θ_1,θ_2 を採用することができる。

　ここで、錘り P_1 の速度ベクトルを $\vec{v}_1$、錘り P_2 の速度ベクトルを $\vec{v}_2$ とすると、この 2 重振り子の運動エネルギー T は

$$T=\frac{1}{2}m_1\left|\vec{v}_1\right|^2+\frac{1}{2}m_2\left|\vec{v}_2\right|^2$$

となる。まず

$$\vec{v}_1=\left(\frac{dx_1}{dt},\frac{dy_1}{dt}\right)=\left(\ell_1\frac{d\sin\theta_1}{dt},-\ell_1\frac{d\cos\theta_1}{dt}\right)$$

$$=\left(\ell_1\cos\theta_1\frac{d\theta_1}{dt},\ell_1\sin\theta_1\frac{d\theta_1}{dt}\right)=(\ell_1\dot{\theta}_1\cos\theta_1,\ell_1\dot{\theta}_1\sin\theta_1)$$

$$\vec{v}_2=\left(\frac{dx_2}{dt},\frac{dy_2}{dt}\right)=\left(\ell_1\cos\theta_1\frac{d\theta_1}{dt}+\ell_2\cos\theta_2\frac{d\theta_2}{dt},\ell_1\sin\theta_1\frac{d\theta_1}{dt}+\ell_2\sin\theta_2\frac{d\theta_2}{dt}\right)$$

$$=(\ell_1\dot{\theta}_1\cos\theta_1+\ell_2\dot{\theta}_2\cos\theta_2,\ell_1\dot{\theta}_1\sin\theta_1+\ell_2\dot{\theta}_2\sin\theta)$$

となる。したがって

$$\left|\vec{v}_1\right|^2=\ell^2\dot{\theta}_1^2\cos^2\theta_1+\ell^2\dot{\theta}_1^2\sin^2\theta_1=\ell^2\dot{\theta}_1^2$$

となる。つぎに

$$\left|\vec{v}_2\right|^2=(\ell_1\dot{\theta}_1\cos\theta_1+\ell_2\dot{\theta}_2\cos\theta_2)^2+(\ell_1\dot{\theta}_1\sin\theta_1+\ell_2\dot{\theta}_2\sin\theta_2)^2$$

となる。ここで、右辺は

$$(\ell_1\dot{\theta}_1\cos\theta_1+\ell_2\dot{\theta}_2\cos\theta_2)^2=\ell_1^2\dot{\theta}_1^2\cos^2\theta_1+2\ell_1\ell_2\dot{\theta}_1\dot{\theta}_2\cos\theta_1\cos\theta_2+\ell_2^2\dot{\theta}_2^2\cos^2\theta_2$$

$$(\ell_1\dot{\theta}_1\sin\theta_1 + \ell_2\dot{\theta}_2\sin\theta_2)^2 = \ell_1{}^2\dot{\theta}_1{}^2\sin^2\theta_1 + 2\ell_1\ell_2\dot{\theta}_1\dot{\theta}_2\sin\theta_1\sin\theta_2 + \ell_2{}^2\dot{\theta}_2{}^2\sin^2\theta_2$$

と展開できる。

これら和の項を整理していこう。すると

$$\ell_1{}^2\dot{\theta}_1{}^2\cos^2\theta_1 + \ell_1{}^2\dot{\theta}_1{}^2\sin^2\theta_1 = \ell_1{}^2\dot{\theta}_1{}^2(\cos^2\theta_1 + \sin^2\theta_1) = \ell_1{}^2\dot{\theta}_1{}^2$$

$$\ell_2{}^2\dot{\theta}_2{}^2\cos^2\theta_2 + \ell_2{}^2\dot{\theta}_2{}^2\sin^2\theta_2 = \ell_2{}^2\dot{\theta}_2{}^2(\cos^2\theta_2 + \sin^2\theta_2) = \ell_2{}^2\dot{\theta}_2{}^2$$

となる。つぎに

$$\ell_1\ell_2\dot{\theta}_1\dot{\theta}_2\cos\theta_1\cos\theta_2 + \ell_1\ell_2\dot{\theta}_1\dot{\theta}_2\sin\theta_1\sin\theta_2 = \ell_1\ell_2\dot{\theta}_1\dot{\theta}_2(\cos\theta_1\cos\theta_2 + \sin\theta_1\sin\theta_2)$$

となるが、加法定理を思い出すと

$$\cos\theta_1\cos\theta_2 + \sin\theta_1\sin\theta_2 = \cos(\theta_1 - \theta_2)$$

とまとめられるので、結局

$$\left|\vec{v}_2\right|^2 = \ell_1{}^2\dot{\theta}_1{}^2 + 2\ell_1\ell_2\dot{\theta}_1\dot{\theta}_2\cos(\theta_1 - \theta_2) + \ell_2{}^2\dot{\theta}_2{}^2$$

となる。

よって、2重振り子の運動エネルギーは

$$T = \frac{1}{2}m_1\left|\vec{v}_1\right|^2 + \frac{1}{2}m_2\left|\vec{v}_2\right|^2$$

$$= \frac{1}{2}m_1\ell_1{}^2\dot{\theta}_1{}^2 + \frac{1}{2}m_2\left\{\ell_1{}^2\dot{\theta}_1{}^2 + 2\ell_1\ell_2\dot{\theta}_1\dot{\theta}_2\cos(\theta_1 - \theta_2) + \ell_2{}^2\dot{\theta}_2{}^2\right\}$$

$$= \frac{1}{2}(m_1 + m_2)\ell_1{}^2\dot{\theta}_1{}^2 + \frac{1}{2}m_2\ell_2{}^2\dot{\theta}_2{}^2 + m_2\ell_1\ell_2\dot{\theta}_1\dot{\theta}_2\cos(\theta_1 - \theta_2)$$

となる。

つぎに、ポテンシャルエネルギー U は、$y = 0$ のとき $U = 0$ とすると

$$U = m_1 g\,y_1 + m_2 g\,y_2$$

$$= m_1 g(\ell_1 + \ell_2 - \ell_1\cos\theta_1) + m_2 g(\ell_1 + \ell_2 - \ell_1\cos\theta_1 - \ell_2\cos\theta_2)$$

となる。

したがって、ラグランジアン L は

$$L(\theta_1, \theta_2, \dot{\theta}_1, \dot{\theta}_2) = T - U$$

$$= \frac{1}{2}(m_1 + m_2)\ell_1{}^2\dot{\theta}_1{}^2 + \frac{1}{2}m_2\ell_2{}^2\dot{\theta}_2{}^2 + m_2\ell_1\ell_2\dot{\theta}_1\dot{\theta}_2\cos(\theta_1 - \theta_2)$$

$$- m_1 g(\ell_1 + \ell_2 - \ell_1\cos\theta_1) - m_2 g(\ell_1 + \ell_2 - \ell_1\cos\theta_1 - \ell_2\cos\theta_2)$$

と与えられる。

これで、一般的な 2 重振り子に対応したラグランジアン L を導出することができた。あとは、ラグランジュの運動方程式

$$\frac{d}{dt}\left(\frac{\partial L}{\partial \dot{\theta}_1}\right) - \frac{\partial L}{\partial \theta_1} = 0 \quad \text{および} \quad \frac{d}{dt}\left(\frac{\partial L}{\partial \dot{\theta}_2}\right) - \frac{\partial L}{\partial \theta_2} = 0$$

L を代入すれば解が得られる。

もちろん、結果として導出される微分方程式は、かなり複雑となるが、現在は、コンピュータの助けを借りて、方程式の解法が可能となっている。つまり、複雑な系からなる可動装置の制御では、微分方程式をいかに構築するかがより重要となる。そして、解析力学の手法を使えば、まず、運動の自由度を考え、一般化座標として何を採用すればよいかを判断する。そのうえで、ラグランジアンを計算し、ラグランジュの運動方程式を求めればよいのである。

4.4. 多体系の振動

ラグランジュの運動方程式の応用分野として、質点系の振動を考えてみよう。物質は、多くの原子からできているが、それら原子はたがいに連結しており、ちょうどバネでつながった格子の状態となっている。そして、有限の温度では、これら格子が振動している。これを**格子振動** (lattice vibration) と呼んでいる。したがって、バネでつながれた複数の質点系の運動解析は、固体内の格子振動解析への応用が可能となり、重要な分野である。

まず、図 4-4 に示すように、両壁と 3 個のバネで固定された質量が m [kg] の 2 個の物体の連結運動について考えてみよう。ただし、両端のバネのバネ定数を k_1 [N/m]、中心のバネのバネ定数を k_2 [N/m] とし、バネの質量は無視できものとする。

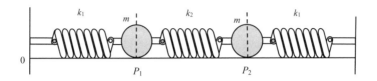

図 4-4　バネで連結された物体の始状態

　ここで、この状態から物体を変位させた状態を考える。このとき、それぞれの物体の平衡位置の左壁からの距離を P_1[m] および P_2[m] とする。すると、一般化座標として、図 4-5 に示すように、この平衡位置からの変位である q_1[m] および q_2[m] を採用することができる。

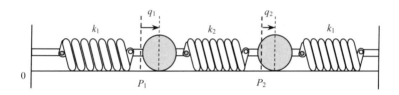

図 4-5　バネで連結された物体の変位

　ここで、この系の一般化座標による運動エネルギーは

$$T = \frac{1}{2}m(\dot{q_1}^2 + \dot{q_2}^2) \quad [\text{J}]$$

と与えられる。

　つぎに、ポテンシャルエネルギーを考えてみよう。バネの弾性力によるポテンシャルエネルギーは、k をバネ定数、q を平衡位置からの変位とし、$q=0$ のとき $U=0$ とすると

$$U = \frac{1}{2}kq^2$$

によって与えられる。

　いまの場合、左のバネは q_1 [m] だけ伸び、中心のバネは q_2-q_1 [m] だけ伸び、

右のバネは q_2 [m] だけ縮むものと考える。

すると

$$U = \frac{1}{2}\left\{ k_1 q_1^2 + k_2(q_2 - q_1)^2 + k_1(-q_2)^2 \right\}$$

$$= \frac{1}{2}(k_1 q_1^2 + k_2 q_2^2 - 2k_2 q_1 q_2 + k_2 q_1^2 + k_1 q_2^2) \quad [\text{J}]$$

となる。

したがって、この系のラグランジアンは

$$L = \frac{1}{2}m(\dot{q}_1^2 + \dot{q}_2^2) - \frac{1}{2}(k_1 q_1^2 + k_2 q_2^2 - 2k_2 q_1 q_2 + k_2 q_1^2 + k_1 q_2^2)$$

となる。

一般化座標を q_1, q_2 としたときのラグランジュの運動方程式は

$$\frac{d}{dt}\left(\frac{\partial L}{\partial \dot{q}_1}\right) - \frac{\partial L}{\partial q_1} = 0 \qquad \frac{d}{dt}\left(\frac{\partial L}{\partial \dot{q}_2}\right) - \frac{\partial L}{\partial q_2} = 0$$

である。ここで

$$\frac{\partial L}{\partial \dot{q}_1} = m\dot{q}_1 \qquad \frac{\partial L}{\partial \dot{q}_2} = m\dot{q}_2$$

$$\frac{\partial L}{\partial q_1} = -\frac{1}{2}(2k_1 q_1 - 2k_2 q_2 + 2k_2 q_1) = -(k_1 + k_2)q_1 + k_2 q_2$$

$$\frac{\partial L}{\partial q_2} = -\frac{1}{2}(2k_2 q_2 - 2k_2 q_1 + 2k_1 q_2) = k_2 q_1 - (k_1 + k_2)q_2$$

であるから、ラグランジュの運動方程式

$$\frac{d}{dt}\left(\frac{\partial L}{\partial \dot{q}_1}\right) - \frac{\partial L}{\partial q_1} = 0$$

に代入すると

$$\frac{d}{dt}(m\dot{q}_1) - \{-(k_1 + k_2)q_1 + k_2 q_2\} = 0$$

から

$$m\frac{d^2 q_1}{dt^2} + (k_1 + k_2)q_1 - k_2 q_2 = 0$$

となる。つぎに、もうひとつのラグランジュの運動方程式

$$\frac{d}{dt}\left(\frac{\partial L}{\partial \dot{q}_2}\right) - \frac{\partial L}{\partial q_2} = 0$$

は

$$\frac{d}{dt}(m\dot{q}_2) - \{k_2 q_1 - (k_1 + k_2)q_2\} = 0$$

から

$$m\frac{d^2 q_2}{dt^2} - k_2 q_1 + (k_1 + k_2)q_2 = 0$$

となる。

　後は、これら方程式を連立して解けば q_1 と q_2 が得られる。

　ここで、解の q_1 と q_2 について考えてみよう。2 個の物体はバネでつながれており、互いに連動しながら振動するものと考えられる。このとき、これら物体の運動の振動数は同じになるはずである。

　そこで、共通の角振動数を ω と置いて

$$q_1 = A_1 \cos\omega t \qquad q_2 = A_2 \cos\omega t$$

と与えられると仮定してみよう。A_1 および A_2 は、これら物体の振動の振幅となる。すると

$$\frac{d^2 q_1}{dt^2} = -A_1 \omega^2 \cos\omega t = -\omega^2 q_1 \qquad \frac{d^2 q_2}{dt^2} = -A_2 \omega^2 \cos\omega t = -\omega^2 q_2$$

となり、運動方程式に代入すると

$$\begin{cases} \{m\omega^2 - (k_1 + k_2)\}q_1 + k_2 q_2 = 0 \\ k_2 q_1 + \{m\omega^2 - (k_1 + k_2)\}q_2 = 0 \end{cases}$$

という連立同次方程式が得られる。

　これら方程式が、$q_1 = 0$ および $q_2 = 0$ という自明解以外の解を持つ条件は、係数行列の行列式が 0 であり

$$\begin{vmatrix} m\omega^2 - (k_1 + k_2) & k_2 \\ k_2 & m\omega^2 - (k_1 + k_2) \end{vmatrix} = 0$$

から

$$\left\{m\omega^2 - (k_1 + k_2)\right\}^2 - k_2{}^2 = 0$$

となる[11]。よって

$$(m\omega^2 - k_1)\left\{m\omega^2 - (k_1 + 2k_2)\right\} = 0$$

から ω は

$$\omega = \sqrt{\frac{k_1}{m}} \qquad \omega = \sqrt{\frac{k_1 + 2k_2}{m}}$$

となる。ただし、角振動数としては、正の範囲 $(\omega > 0)$ を考えている。したがって、一組めの解としては

$$q_1 = A_1 \cos\sqrt{\frac{k_1}{m}}\, t \qquad q_2 = A_2 \cos\sqrt{\frac{k_1}{m}}\, t$$

が得られ、もう一組の解は

$$q_1 = A_1 \cos\sqrt{\frac{k_1 + 2k_2}{m}}\, t \qquad q_2 = A_2 \cos\sqrt{\frac{k_1 + 2k_2}{m}}\, t$$

となる。

より一般化して α を定数として

$$q_1 = A_1 \cos(\omega t + \alpha) \qquad q_2 = A_2 \cos(\omega t + \alpha)$$

としてもよい。

α は初期位相（$t = 0$ のときの位相）であり初期条件で決まる定数である。この場合

$$q_1 = A_1 \cos\left(\sqrt{\frac{k_1}{m}}\, t + \alpha\right) \qquad q_2 = A_2 \cos\left(\sqrt{\frac{k_1}{m}}\, t + \alpha\right)$$

という解と

$$q_1 = A_1 \cos\left(\sqrt{\frac{k_1 + 2k_2}{m}}\, t + \alpha\right) \qquad q_2 = A_2 \cos\left(\sqrt{\frac{k_1 + 2k_2}{m}}\, t + \alpha\right)$$

---

[11] 行列式と連立同次方程式の解の関係については、『線形代数』（飛翔舎、2023）などを参照いただきたい。

という一般解が得られる。

演習 4-6　バネ 3 個に連結された 2 個の物体の系において、3 個のバネのバネ定数がすべて k [N/m] とした場合の解を求めよ。

解）　系のラグランジアンは

$$L(q_1, q_2, \dot{q}_1, \dot{q}_2) = \frac{1}{2} m \left(\dot{q}_1{}^2 + \dot{q}_2{}^2 \right) - \frac{1}{2} \left\{ k\,q_1{}^2 + k(q_2 - q_1)^2 + k\,q_2{}^2 \right\}$$

となる。したがって

$$\frac{\partial L}{\partial \dot{q}_1} = m\dot{q}_1 \qquad\qquad \frac{\partial L}{\partial \dot{q}_2} = m\dot{q}_2$$

$$\frac{\partial L}{\partial q_1} = -kq_1 + k(q_2 - q_1) = -2kq_1 + kq_2$$

$$\frac{\partial L}{\partial q_2} = -k(q_2 - q_1) - kq_2 = kq_1 - 2kq_2$$

となる。ラグランジュの運動方程式

$$\frac{d}{dt}\left(\frac{\partial L}{\partial \dot{q}_1} \right) - \frac{\partial L}{\partial q_1} = 0 \qquad\qquad \frac{d}{dt}\left(\frac{\partial L}{\partial \dot{q}_2} \right) - \frac{\partial L}{\partial q_2} = 0$$

に代入すると

$$\frac{d}{dt}(m\dot{q}_1) - (-2kq_1 + kq_2) = 0 \qquad\qquad \frac{d}{dt}(m\dot{q}_2) - (kq_1 - 2kq_2) = 0$$

から

$$m\frac{d^2 q_1}{dt^2} + 2kq_1 - kq_2 = 0 \qquad\qquad m\frac{d^2 q_2}{dt^2} - kq_1 + 2kq_2 = 0$$

となる。

これら 2 個の物体の角振動数は同じ ω になるので、微分方程式は、つぎのかたちをした解

$$q_1 = A_1 \cos(\omega t + \alpha) \qquad\qquad q_2 = A_2 \cos(\omega t + \alpha)$$

を有する。運動方程式に代入すると

$$\begin{cases} (m\omega^2 - 2k)q_1 + k\,q_2 = 0 \\[2ex] k\,q_1 + (m\omega^2 - 2k)q_2 = 0 \end{cases}$$

という連立方程式が得られる。この方程式が、$q_1 = 0$ および $q_2 = 0$ という自明解以外の解を持つ条件は、係数行列の行列式

$$\begin{vmatrix} m\omega^2 - 2k & k \\ k & m\omega^2 - 2k \end{vmatrix} = 0$$

から

$$(m\omega^2 - 2k)^2 - k^2 = 0$$

となり

$$(m\omega^2 - k)(m\omega^2 - 3k) = 0$$

となる。よって ω は

$$\omega = \sqrt{\frac{k}{m}} \qquad \omega = \sqrt{\frac{3k}{m}}$$

と与えられる。

　ここで、$\omega = \sqrt{k/m}$ を

$$(m\omega^2 - 2k)q_1 + k\,q_2 = 0$$

に代入すると

$$-k\,q_1 + k\,q_2 = 0$$

から、$q_1 = q_2$ となり

$$q_1 = A_1 \cos\left(\sqrt{\frac{k}{m}}\,t + \alpha\right) \qquad q_2 = A_1 \cos\left(\sqrt{\frac{k}{m}}\,t + \alpha\right)$$

という解が得られる。つまり、$A_2 = A_1$ となる。

　これは、2 個の物体が同方向に連動して振動する場合に相当する。

　つぎに　$\omega = \sqrt{3k/m}$ を

$$(m\omega^2 - 2k)q_1 + k\,q_2 = 0$$

に代入すると

$$k\,q_1 + k\,q_2 = 0$$

から、$q_1 = -q_2$ となり

$$q_1 = A_1 \cos\left(\sqrt{\frac{3k}{m}}\, t + \alpha\right) \qquad q_2 = -A_1 \cos\left(\sqrt{\frac{3k}{m}}\, t + \alpha\right)$$

となる。

つまり、$A_2 = -A_1$ となる。これは、2 個の物体が互いに逆方向に運動して振動する場合に相当する。

解析力学の手法が便利なのは、対象とする運動物体の個数が増えても、そのまま、その形式が適用できる点にある。

そこで、運動物体が 3 個の場合に、同手法を適用してみよう。物体が 3 個になるので、一般化座標も 3 個必要となるが、基本的な考えは変わらない。

演習 4-7　図 4-6 に示すように、質量 m [kg] の 3 個の錘りをバネ定数 k [N/m] のバネで連結した場合の運動のラグランジアン L を求めよ。ただし、バネの質量は無視してよいものとする。

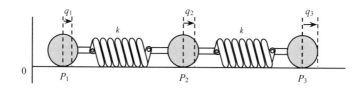

図 4-6　両端が固定されていないバネで連結された 3 個の物体

解）　図のように、それぞれの錘りの平衡位置を P_1 [m], P_2 [m], P_3 [m] とし、変位を一般化座標として q_1 [m], q_2 [m], q_3 [m] とする。

すると、この系の運動エネルギー T は

$$T = \frac{1}{2}m({\dot{q_1}}^2 + {\dot{q_2}}^2 + {\dot{q_3}}^2) \ \ [\mathrm{J}]$$

と与えられる。ポテンシャルエネルギー U は

$$U = \frac{1}{2}k\left\{(q_2 - q_1)^2 + (q_3 - q_2)^2\right\} \quad [\text{J}]$$

となる。よって、ラグランジアン L は

$$L = T - U = \frac{1}{2}m(\dot{q_1}^2 + \dot{q_2}^2 + \dot{q_3}^2) - \frac{1}{2}k\left\{(q_2 - q_1)^2 + (q_3 - q_2)^2\right\}$$

となる。

　この場合の L は

$$L = L(q_1, q_2, q_3, \dot{q_1}, \dot{q_2}, \dot{q_3})$$

のように、6 変数の関数となる。

演習 4-8　　上記の L に対応したラグランジュの運動方程式

$$\frac{d}{dt}\left(\frac{\partial L}{\partial \dot{q_1}}\right) - \frac{\partial L}{\partial q_1} = 0 \qquad \frac{d}{dt}\left(\frac{\partial L}{\partial \dot{q_2}}\right) - \frac{\partial L}{\partial q_2} = 0$$

$$\frac{d}{dt}\left(\frac{\partial L}{\partial \dot{q_3}}\right) - \frac{\partial L}{\partial q_3} = 0$$

を解法せよ。

　解）　　ラグランジアンは

$$L = \frac{1}{2}m(\dot{q_1}^2 + \dot{q_2}^2 + \dot{q_3}^2) - \frac{1}{2}k\left\{(q_2 - q_1)^2 + (q_3 - q_2)^2\right\}$$

であるから

$$\frac{\partial L}{\partial \dot{q_1}} = m\dot{q_1} \qquad \frac{\partial L}{\partial \dot{q_2}} = m\dot{q_2} \qquad \frac{\partial L}{\partial \dot{q_3}} = m\dot{q_3}$$

となる。つぎに

$$-\frac{1}{2}k\left\{(q_2 - q_1)^2 + (q_3 - q_2)^2\right\} = -\frac{1}{2}k(q_2^2 - 2q_2q_1 + q_1^2 + q_3^2 - 2q_3q_2 + q_2^2)$$

であるから

$$\frac{\partial L}{\partial q_1} = -\frac{1}{2}k(-2q_2 + 2q_1) = k(q_2 - q_1)$$

$$\frac{\partial L}{\partial q_2} = -\frac{1}{2}k(2q_2 - 2q_1 - 2q_3 + 2q_2) = k(q_1 - 2q_2 + q_3)$$

$$\frac{\partial L}{\partial q_3} = -\frac{1}{2}k(2q_3 - 2q_2) = k(q_2 - q_3)$$

となる。

一般化座標 q_1 に関するラグランジュの運動方程式

$$\frac{d}{dt}\left(\frac{\partial L}{\partial \dot{q}_1}\right) - \frac{\partial L}{\partial q_1} = 0$$

に代入すると

$$\frac{d}{dt}(m\dot{q}_1) - k(q_2 - q_1) = 0 \qquad \text{から} \qquad m\frac{d^2 q_1}{dt^2} - k(q_2 - q_1) = 0$$

となる。同様にして

$$\frac{d}{dt}\left(\frac{\partial L}{\partial \dot{q}_2}\right) - \frac{\partial L}{\partial q_2} = 0$$

に代入すると

$$\frac{d}{dt}(m\dot{q}_2) - k(q_1 - 2q_2 + q_3) = 0$$

から

$$m\frac{d^2 q_2}{dt^2} - k(q_1 - 2q_2 + q_3) = 0$$

となる。最後に

$$\frac{d}{dt}\left(\frac{\partial L}{\partial \dot{q}_3}\right) - \frac{\partial L}{\partial q_3} = 0$$

に代入すると

$$\frac{d}{dt}(m\dot{q}_3) - k(q_2 - q_3) = 0 \qquad \text{から} \qquad m\frac{d^2 q_3}{dt^2} - k(q_2 - q_3) = 0$$

となり、3 個の運動方程式ができる。

ここで、解を

$$q_1 = A_1 \cos \omega t \qquad q_2 = A_2 \cos \omega t \qquad q_3 = A_3 \cos \omega t$$

と仮定する。まず、最初の方程式

$$m\frac{d^2q_1}{dt^2} - k(q_2 - q_1) = 0$$

において d^2q_1/dt^2 を計算すると

$$\frac{dq_1}{dt} = -\omega A_1 \sin \omega t \qquad から \qquad \frac{d^2q_1}{dt^2} = -\omega^2 A_1 \cos \omega t$$

となるので

$$m\frac{d^2q_1}{dt^2} = -m\omega^2 A_1 \cos \omega t = -m\omega^2 q_1$$

となり

$$(m\omega^2 - k)q_1 + k q_2 = 0$$

という式が得られる。

　以下、同様の操作を行うと

$$k q_1 + (m\omega^2 - 2k)q_2 + k q_3 = 0$$
$$k q_2 + (m\omega^2 - k)q_3 = 0$$

という式が得られる。

　結局、つぎの 3 元連立 1 次方程式となる。

$$\begin{cases} (m\omega^2 - k)q_1 + & k q_2 & = 0 \\ k q_1 + (m\omega^2 - 2k)q_2 + & k q_3 & = 0 \\ & k q_2 + (m\omega^2 - k)q_3 & = 0 \end{cases}$$

　これら連立方程式が、$q_1 = 0$, $q_2 = 0$, $q_3 = 0$ という自明解以外の解を持つ条件は、係数行列の行列式が 0 であるので

$$\begin{vmatrix} m\omega^2 - k & k & 0 \\ k & m\omega^2 - 2k & k \\ 0 & k & m\omega^2 - k \end{vmatrix} = 0$$

となる。

　余因子展開すると

$$(m\omega^2 - k)\begin{vmatrix} m\omega^2 - 2k & k \\ k & m\omega^2 - k \end{vmatrix} - k\begin{vmatrix} k & k \\ 0 & m\omega^2 - k \end{vmatrix} = 0$$

さらに、行列式を展開すると

$$(m\omega^2 - k)\left\{(m\omega^2 - 2k)(m\omega^2 - k) - k^2\right\} - k^2(m\omega^2 - k) = 0$$

となり、まとめると

$$(m\omega^2 - k)\left\{(m\omega^2 - 2k)(m\omega^2 - k) - 2k^2\right\} = 0$$

ここで

$$(m\omega^2 - 2k)(m\omega^2 - k) - 2k^2 = (m\omega^2 - k)^2 - k(m\omega^2 - k) - 2k^2$$

$$= \left\{(m\omega^2 - k) - 2k\right\}\left\{(m\omega^2 - k) + k\right\} = m\omega^2(m\omega^2 - 3k)$$

と変形できるから、ω が満足すべき方程式は

$$m\omega^2(m\omega^2 - k)(m\omega^2 - 3k) = 0$$

となる。

$\omega \geq 0$ の範囲を考えると

$$\omega = 0 \qquad \omega = \sqrt{\frac{k}{m}} \qquad \omega = \sqrt{\frac{3k}{m}}$$

が得られる。

ここで、$\omega = 0$ のとき

$$-kq_1 + kq_2 = 0 \qquad kq_1 - 2kq_2 + kq_3 = 0$$

$$kq_2 - kq_3 = 0$$

から

$$q_1 = q_2 = q_3$$

となり、3 個が振動せずに一体となって同方向に動く並進運動に相当する。

演習 4-9　$\omega = \sqrt{k/m}$ のときのバネ定数 k のバネでつながれた 3 個の物体の運動を解析せよ。

解）　この場合

$$kq_2 = 0 \qquad kq_1 - kq_2 + kq_3 = 0$$

から

$$q_1 = A_1 \cos\left(\sqrt{\frac{k}{m}}\, t\right) \qquad q_2 = 0 \qquad q_3 = -A_1 \cos\left(\sqrt{\frac{k}{m}}\, t\right)$$

となる。

よって、中心の物体が静止していて、左右の物体が同期して振動する状態に相当する。

いまの場合、未知数であった振幅は、$A_2 = 0$, $A_3 = -A_1$ と与えられることを意味している。

最後に $\omega = \sqrt{3k/m}$ のとき

$$2k\,q_1 + k\,q_2 = 0 \qquad k\,q_1 + k\,q_2 + k\,q_3 = 0 \qquad k\,q_2 + 2k\,q_3 = 0$$

より

$$q_1 = q_3 \qquad q_2 = -2q_1 = -2q_3$$

となり

$$q_1 = A_1 \cos\left(\sqrt{\frac{3k}{m}}\, t\right) \qquad q_2 = -2A_1 \cos\left(\sqrt{\frac{3k}{m}}\, t\right) \qquad q_3 = A_1 \cos\left(\sqrt{\frac{3k}{m}}\, t\right)$$

となる。つまり $A_2 = -2A_1$, $A_3 = A_1$ となる。

それでは、図 4-7 に示すように、n 個の錘りがバネで連結された系について解析してみよう。これは、より一般化された多体系となる。ここでは、すべての錘りの質量を m [kg] とし、バネ定数は k [N/m] で一定とする。

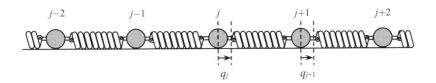

図 4-7　バネで連結された n 個の物体からなる系

つぎに、j 番目の錘りの平衡位置からの変位を q_j [m] とし、これを一般化座標とする。すると、この系の運動エネルギーは

$$T = \frac{1}{2} m \, \dot{q_1}^2 + \frac{1}{2} m \, \dot{q_2}^2 + ... + \frac{1}{2} m \, \dot{q_n}^2 = \frac{1}{2} m \sum_{j=1}^{n} \dot{q_j}^2$$

という和によって与えられる。

また、ポテンシャルエネルギーは

$$U = \frac{1}{2} k \, (q_2 - q_1)^2 + \frac{1}{2} k \, (q_3 - q_2)^2 + ... + \frac{1}{2} k \, (q_n - q_{n-1})^2$$

$$= \frac{1}{2} k \sum_{j=1}^{n-1} (q_{j+1} - q_j)^2$$

という和となる。したがってラグランジアンは

$$L = T - U = \frac{1}{2} m \sum_{j=1}^{n} \dot{q_j}^2 - \frac{1}{2} k \sum_{j=1}^{n-1} (q_{j+1} - q_j)^2$$

となる。

ラグランジュの運動方程式は、$j = 1, 2, ... , n$ として

$$\frac{d}{dt}\left(\frac{\partial L}{\partial \dot{q_j}} \right) - \frac{\partial L}{\partial q_j} = 0$$

となり、n 個の方程式ができる。

ここで $\partial L / \partial \dot{q_j}$ は

$$L = \frac{1}{2} m \sum_{j=1}^{n} \dot{q_j}^2 - \frac{1}{2} k \sum_{j=1}^{n-1} (q_{j+1} - q_j)^2$$

から

$$\frac{\partial L}{\partial \dot{q_j}} = m \dot{q_j} \qquad (j = 1, 2, ... , n)$$

となる。

つぎに $\partial L / \partial q_j$ を求めよう。この偏微分において L で対象となる成分は q_j を含む項であり

$$-\frac{1}{2} k (q_j - q_{j-1})^2 - \frac{1}{2} k (q_{j+1} - q_j)^2$$

となる。したがって

$$\frac{\partial L}{\partial q_j} = -k(q_j - q_{j-1}) + k(q_{j+1} - q_j)$$

$$= k(q_{j+1} - 2q_j + q_{j-1})$$

となる。

　ただし、この一般式は $j=1$ と $j=n$ には適用できない。これは端部では、隣接する錘りが 1 個しかないからである。これを境界条件と呼んでいる。

　統計力学や物性物理では、この問題を回避するために、$j=1$ と n がリング状につながった場合を考えることが多い。これを周期境界条件と呼んでいる。この条件下では端部の問題を回避できるが、ここでは、境界条件があるものとして進める。

　端部の $j=1$ および n において、偏微分の対象となる項は、それぞれ

$$-\frac{1}{2}k(q_2 - q_1)^2 \qquad -\frac{1}{2}k(q - q_{n-1})^2$$

となるから

$$\frac{\partial L}{\partial q_1} = k(q_2 - q_1) \qquad \frac{\partial L}{\partial q_n} = -k(q_n - q_{n-1})$$

となる。

　以上を踏まえて、ラグランジュの運動方程式を求めてみよう。

　まず、$2 \leq j \leq n-1$ の場合

$$\frac{d}{dt}\left(\frac{\partial L}{\partial \dot{q}_j}\right) - \frac{\partial L}{\partial q_j} = \frac{d}{dt}(m\dot{q}_j) - k(q_{j+1} - 2q_j + q_{j-1}) = 0$$

となり

$$m\frac{d^2 q_j}{dt^2} - k(q_{j+1} - 2q_j + q_{j-1}) = 0$$

という $n-2$ 個の方程式が得られる。

　つぎに、$j=1$ の場合

$$\frac{d}{dt}\left(\frac{\partial L}{\partial \dot{q}_1}\right) - \frac{\partial L}{\partial q_1} = \frac{d}{dt}(m\dot{q}_1) - k(q_2 - q_1) = 0$$

から

$$m\frac{d^2 q_1}{dt^2} - k(q_2 - q_1) = 0$$

となる。また $j = n$ の場合は

$$\frac{d}{dt}\left(\frac{\partial L}{\partial \dot{q}_n}\right) - \frac{\partial L}{\partial q_n} = \frac{d}{dt}(m\dot{q}_n) + k(q_n - q_{n-1}) = 0$$

から

$$m\frac{d^2 q_n}{dt^2} + k(q_n - q_{n-1}) = 0$$

となる。

ここで解のかたちを

$$q_j = A_j \cos(\omega t + \alpha)$$

と仮定しよう。すると

$$\frac{d^2 q_j}{dt^2} = -A_j \omega^2 \cos(\omega t + \alpha) = -\omega^2 q_j$$

となるので、$j = 1$ のとき

$$-m\omega^2 q_1 - k(q_2 - q) = 0$$

となる。

$2 \leq j \leq n-1$ のとき

$$-m\omega^2 q_j - k(q_{j+1} - 2q_j + q_{j-1}) = 0$$

となる。さらに、$j = n$ のとき

$$-m\omega^2 q_n + k(q_n - q_{n-1}) = 0$$

となる。

整理すると

$$\begin{cases} k q_2 + (m\omega^2 - k)q_1 = 0 \\ \\ k q_{j+1} + (m\omega^2 - 2k)q_j + k q_{j-1} = 0 \quad (2 \leq j \leq n-1) \\ \\ (m\omega^2 - k)q_n + k q_{n-1} = 0 \end{cases}$$

となる。これら n 個の連立方程式において、未知数は角振動数の ω と、振幅の A_1 から A_n である。つまり、n 個の方程式に対し、$n+1$ 個の未知数が存在する。この

ため、これら方程式から得られるのは振幅の値ではなく、$A_2/A_1, A_3/A_1, \ldots, A_n/A_1$ という比となる。実際の値は、初期条件などを付与することによって与えられる。

4.5.　一般化運動量

解析力学では、座標系が変わっても、面倒な変数変換を経ることなく、その形式がそのまま利用できるという利点がある。たとえば、ラグランジュの運動方程式がその好例であり、本章では、実際問題への適用例を紹介してきた。

ここで、座標は高度に一般化され、すべてが同等に扱うことができる。一般化座標 q としては、直交座標の x, y, z や、極座標の r, θ, ϕ などが挙げられる。

ところで、物体の運動を解析するためには、位置座標だけでなく運動量の情報も必要となる。解析力学では、一般化座標に対応させて、**一般化運動量** (generalized momentum) を定義することが可能である。

このとき、一般化座標の x には運動量 p_x を、座標 θ には運動量 p_θ を対応させる。そして、運動エネルギーを T としたとき一般化運動量は、座標系に関係なく、すべて同じ形式である

$$p_x = \frac{\partial T}{\partial \dot{x}} \quad p_\theta = \frac{\partial T}{\partial \dot{\theta}} \quad p_r = \frac{\partial T}{\partial \dot{r}} \quad p_{q_i} = \frac{\partial T}{\partial \dot{q_i}}$$

によって与えられる。

ただし、解析力学においては、正式にはラグランジアン L をもとに、一般化運動量は定義され

$$p_x = \frac{\partial L}{\partial \dot{x}} \quad p_\theta = \frac{\partial L}{\partial \dot{\theta}} \quad p_r = \frac{\partial L}{\partial \dot{r}} \quad p_{q_i} = \frac{\partial L}{\partial \dot{q_i}}$$

となる。実は

$$L = T - U$$

という関係にあるが

$$\frac{\partial U}{\partial \dot{x}} = 0 \quad \frac{\partial U}{\partial \dot{\theta}} = 0 \quad \frac{\partial U}{\partial \dot{r}} = 0 \quad \frac{\partial U}{\partial \dot{q_i}} = 0$$

であるから、一般化座標 q に対応した一般化運動量 p は

$$p = \frac{\partial T}{\partial \dot{q}} = \frac{\partial (T-U)}{\partial \dot{q}} = \frac{\partial L}{\partial \dot{q}}$$

となるのである。

　よって、ラグランジュの運動方程式

$$\frac{d}{dt}\left(\frac{\partial L}{\partial \dot{q}}\right) - \frac{\partial L}{\partial q} = 0$$

は一般化運動量 p を使えば

$$\frac{dp}{dt} - \frac{\partial L}{\partial q} = 0$$

となるが

$$\frac{\partial L}{\partial q} = \frac{\partial T}{\partial q} - \frac{\partial U}{\partial q} = -\frac{\partial U}{\partial q} = F$$

であるので、結局

$$\frac{dp}{dt} - F = 0 \qquad から \qquad F = \frac{dp}{dt}$$

となり、運動方程式に還元できる[12]。

　ここで、一般化運動量に関して注意すべき点がある。それは、その単位が、直交座標系の運動量 $p = mv$ の単位である [kgm/s] とは異なる場合があるという事実である。これは、もともと、一般化座標として θ を採用すると、その単位が長さの [m] ではなく、無次元の [rad] になることに原因がある。実際に確かめてみよう。

　2 次元の極座標では、補遺 2-1 に示したように、運動エネルギーは

$$T = \frac{1}{2}m(\dot{r}^2 + r^2\dot{\theta}^2)$$

と与えられる。よって、θ 方向の一般化運動量は

$$p_\theta = \frac{\partial T}{\partial \dot{\theta}} = mr^2\dot{\theta}$$

となる。

　この単位は、[kgm²/s] となって、直交座標系の単位とは異なる。実は、これは**角運動量** (angular momentum) の単位であり、一般化座標として、極座標の角度 θ を採用すると、一般化運動量は角運動量となるのである。

---

[12] 実は、q を一般化座標とするとき $-\partial U/\partial q$ は正式には次節で示す一般化力となる。

このように、解析力学では、基本形式が維持されるかわりに、直交座標の単位が維持されないという事態が生じる。ただし、一般化座標と一般化運動量の積である $x\,p_x$ や $\theta\,p_\theta$ で考えれば単位は常に [J·s] となることを付記しておく。

4.6.　一般化力

解析力学では**一般化力** (generalized force) という概念も導入される。座標を一般化することによって、運動量も一般化されるが、同時に、力も一般化される。直交座標系では、力はポテンシャルエネルギー U の距離微分によって

$$F_x = -\frac{\partial U}{\partial x}$$

と与えられる。このとき、運動量は

$$p_x = \frac{\partial T}{\partial x}$$

と与えられる。そして、一般化座標を q とすると、一般化運動量 p_q は

$$p_q = \frac{\partial T}{\partial q}$$

と与えられるのであった。

一般化力も、一般化座標を q とすると

$$Q_q = -\frac{\partial U}{\partial q}$$

と与えられる。直交座標系では

$$Q_x = F_x$$

となる。

一般化力は、仕事で考えるとわかりやすい。仕事の微小変化は、直交座標では

$$dW = F_x\,dx + F_y\,dy$$

と与えられる。

この形式が維持されるのが、解析力学の利点である。とすれば、2 次元極座標においては

$$dW = Q_r\,dr + Q_\theta\,d\theta$$

と置くことができる。このとき、Q_r, Q_θ が一般化力となる。

ここで $dW = -dU$ という関係にあるから、U の全微分である

$$dU = \frac{\partial U}{\partial r} dr + \frac{\partial U}{\partial \theta} d\theta = -dW$$

との対応からも

$$Q_r = -\frac{\partial U}{\partial r} \qquad\qquad Q_\theta = -\frac{\partial U}{\partial \theta}$$

という一般化力の定義が確認できる。

ここで、直交座標における一般化力を Q_x, Q_y と置くと

$$dW = Q_x\, dx + Q_y\, dy$$

となる。よって、$Q_x = F_x,\ Q_y = F_y$ となる。

これに対し、2 次元の極座標では

$$Q_r = F_r \qquad Q_\theta \neq F_\theta$$

となる。

これをエネルギーの単位で考えると、$F_r\, dr$ はエネルギーの [Nm] となるが $F_\theta\, d\theta$ においては、θ の単位が [rad] となって無次元であるため、その単位は [N] となりエネルギーの単位とはならないからである。

それでは、極座標における θ 方向の一般化力 Q_θ を考えてみよう。まず、極座標における運動量は

$$T = \frac{1}{2}m(\dot{r}^2 + r^2\dot{\theta}^2)$$

から、一般化運動量は

$$p_\theta = \frac{\partial T}{\partial \dot{\theta}} = mr^2\dot{\theta}$$

となる。その時間微分は

$$\frac{dp_\theta}{dt} = \frac{d}{dt}\left(\frac{\partial T}{\partial \dot{\theta}}\right) = \frac{d}{dt}(mr^2\dot{\theta}) = 2mr\frac{dr}{dt}\dot{\theta} + mr^2\frac{d\dot{\theta}}{dt}$$

$$= 2mr\dot{r}\dot{\theta} + mr^2\ddot{\theta} = mr(2\dot{r}\dot{\theta} + r\ddot{\theta})$$

となる。

ここで、補遺 2-1 で求めた

$$F_\theta = m\,(2\dot{r}\dot{\theta} + r\ddot{\theta})$$

という関係を思い出してみよう。すると

$$\frac{dp_\theta}{dt} = \frac{d}{dt}\left(\frac{\partial T}{\partial \dot\theta}\right) = rF_\theta$$

となる。つまり θ 方向では

$$Q_\theta = rF_\theta$$

となるのである。

Q_θ は力と異なりエネルギーの単位 [Nm] を有する。このとき、先ほど示した仕事 dW の成分である $Q_\theta\, d\theta$ の単位がエネルギーと一致し、整合性がとれることになる。

しかし、一般化力を使わなくとも、解析力学の手法としてはラグランジュの運動方程式で十分である。このため、本書では、一般化力の Q_r や Q_θ ではなく、F_r, F_θ を使用している。ただし、一般化力という概念が存在することも覚えておいてほしい。

4.7.　循環座標

最後に**循環座標** (cyclic coordinate) についても紹介しておこう。ラグランジュの運動方程式は

$$\frac{d}{dt}\left(\frac{\partial L}{\partial \dot q}\right) = \frac{\partial L}{\partial q}$$

と変形できる。ここで

$$\frac{\partial L}{\partial q} = 0$$

となるような一般化座標 q を選ぶことができれば

$$\frac{d}{dt}\left(\frac{\partial L}{\partial \dot q}\right) = 0$$

となって

$$\frac{\partial L}{\partial \dot q} = p_q = \text{定数}$$

となる。つまり、このときの一般化運動量 p_q は、時間によって値が変化しない**保存量** (conserved quantity) となるのである。このような一般化座標 q のことを

循環座標と呼んでいる。

　実は、一般化座標として循環座標を選べば、方程式の解法が簡単になるのである。例として、第 2 章でも紹介した惑星運動など、中心力を受けて運動する物体の解析を考える。そのラグランジアンは

$$L = T - U = \frac{1}{2}m(\dot{r}^2 + r^2\dot{\theta}^2) + G\frac{Mm}{r}$$

となる。

　このラグランジュの運動方程式は、一般化座標として θ を選ぶと

$$\frac{d}{dt}\left(\frac{\partial L}{\partial \dot{\theta}}\right) - \frac{\partial L}{\partial \theta} = 0$$

となるが、L は $\dot{\theta}$ を含むが θ は含まない。したがって $\partial L/\partial \theta = 0$ となり

$$\frac{d}{dt}\left(\frac{\partial L}{\partial \dot{\theta}}\right) = 0$$

となる。よって

$$\frac{\partial L}{\partial \dot{\theta}} = 定数$$

という結果が得られる。さらに、U は $\dot{\theta}$ の関数ではないから

$$\frac{\partial U}{\partial \dot{\theta}} = 0$$

より

$$\frac{\partial L}{\partial \dot{\theta}} = \frac{\partial(T-U)}{\partial \dot{\theta}} = \frac{\partial T}{\partial \dot{\theta}} = p_\theta = 定数$$

となる。

　つまり、一般化運動量 p_θ が一定という解が得られるのである。定数を mD と置けば

$$p_\theta = mr^2\dot{\theta} = mD$$

から

$$\dot{\theta} = \frac{d\theta}{dt} = \frac{D}{r^2}$$

となる。後は、第 2 章の惑星運動で紹介したように、極方程式のかたちで軌道を

求めることができるのである。

　このように、$\partial L / \partial q = 0$ となるような循環座標 q を選べば、方程式の解法が簡単になるのである。

第5章　ハミルトニアン

解析力学 (analytical mechanics) の根幹が、**変分法** (variational method) を基本
においた力学の解法という観点からすれば、想定している力学系においてラグラ
ンジアン $L = T - U$ を導入し、そのうえでオイラー方程式であるラグランジュの
運動方程式を解くという手法を習得すれば十分である。

一方、解析力学では、**全エネルギー** (total energy) をもとに、物体の運動を解
析する手法も開発されている。ハミルトン形式の解析力学と呼ばれている。

ここで、活躍する関数が**ハミルトニアン** (Hamiltonian) である。そこで、本章
では、ハミルトニアンの特徴と、ハミルトン形式の解析力学の手法について紹介
する。

5.1. 正準方程式

解析力学では
$$H = T + U$$
と置いて、H のことをハミルトニアンと呼んでいる。T は運動エネルギー、U は
ポテンシャルエネルギーであり、H は力学系の全エネルギーである。

ラグランジアンは
$$L = L(q, \dot{q})$$
のように、一般化座標 q とその時間微分である $\dot{q} = (dq / dt)$ の関数となるのに対
し、ハミルトニアンは
$$H = H(q, p)$$
のように一般化座標 q と一般化運動量 p の関数となる。直交座標系において、
運動量は $p = mv$ という関係にあり $v = \dot{q}$ であるから、H も q と $\dot{q}$ の関数ではあ
る。つまり、形式は異なるが、本質ではつながっていることになる。

ここで、H の全微分は

$$dH = \frac{\partial H(q,p)}{\partial q} dq + \frac{\partial H(q,p)}{\partial p} dp$$

となるから、H の t に関する微分は

$$\frac{dH}{dt} = \frac{\partial H(q,p)}{\partial q} \frac{dq}{dt} + \frac{\partial H(q,p)}{\partial p} \frac{dp}{dt}$$

と与えられる。

　力学系のエネルギー保存則を思い出すと、ハミルトニアンは時間変化しないから、$dH/dt = 0$ となり

$$\frac{\partial H}{\partial q} \frac{dq}{dt} + \frac{\partial H}{\partial p} \frac{dp}{dt} = 0$$

という関係が成立する。

　実は、この式が、ハミルトニアン H を中心に据えたときの、解析力学の基本となる。そして、**正準方程式** (canonical equations) と呼ばれる

$$\frac{dq}{dt} = \frac{\partial H}{\partial p} \qquad\qquad \frac{dp}{dt} = -\frac{\partial H}{\partial q}$$

という 2 個の対称的な式が得られる。

　H を基本とするハミルトン形式の解析力学では、これら 2 式をもとに、運動の解析が行われ、運動方程式を導出することができる。

演習 5-1　正準方程式

$$\frac{dq}{dt} = \frac{\partial H}{\partial p} \qquad\qquad \frac{dp}{dt} = -\frac{\partial H}{\partial q}$$

を上記の dH/dt の式に代入し、それが 0 となることを確かめよ。

　解)　ハミルトニアンの時間変化は

$$\frac{dH}{dt} = \frac{\partial H}{\partial q} \frac{dq}{dt} + \frac{\partial H}{\partial p} \frac{dp}{dt}$$

と与えられる。右辺に正準方程式を代入すると

$$\frac{dH}{dt} = \frac{\partial H}{\partial q} \frac{\partial H}{\partial p} - \frac{\partial H}{\partial p} \frac{\partial H}{\partial q} = 0$$

となる。

演習 5-2 力学系の全エネルギーであるハミルトニアン H が

$$H = T + U = \frac{p^2}{2m} + U(q)$$

と与えられるとき

$$\frac{dq}{dt} = \frac{\partial H}{\partial p}$$

という関係が成立することを確かめよ。

解） ポテンシャルエネルギー U は位置 q のみの関数であり、運動量 p には依存しないので、$\partial U / \partial p = 0$ となり

$$\frac{\partial H}{\partial p} = \frac{\partial T}{\partial p} + \frac{\partial U}{\partial p} = \frac{\partial}{\partial p}\left(\frac{p^2}{2m}\right) + 0 = \frac{p}{m}$$

となる。ここで

$$\frac{p}{m} = \frac{mv}{m} = v = \frac{dq}{dt}$$

となるので

$$\frac{dq}{dt} = \frac{\partial H}{\partial p}$$

という関係が成立する。

演習 5-3 $\dfrac{dp}{dt} = -\dfrac{\partial H}{\partial q}$ という関係が成立することを確かめよ。

解） $H = T + U$ であるが、T は q の関数ではないから $\partial T / \partial q = 0$ となり

$$\frac{\partial H}{\partial q} = \frac{\partial T}{\partial q} + \frac{\partial U}{\partial q} = \frac{\partial U}{\partial q}$$

となる。ここで、ポテンシャル U のもとで力 F は

$$F = -\frac{\partial U}{\partial q} \qquad さらに \qquad F = m\frac{d^2 q}{dt^2}$$

という関係にあるので

$$m\frac{d^2q}{dt^2} = m\frac{dv}{dt} = \frac{d}{dt}(mv) = \frac{dp}{dt}$$

から

$$\frac{dp}{dt} = -\frac{\partial H}{\partial q}$$

という関係が成立する。

　物体の運動を解析する場合には、これら 2 個の微分方程式を連立させればよいことになる。

演習 5-4　ハミルトニアン $H = H(q,p)$ とラグランジアン $L = L(q,\dot{q})$ の間に以下の関係が成立することを示せ。

$$H(q,p) = p\dot{q} - L(q,\dot{q})$$

　解）　$p = mv,\ \dot{q} = v$ なので

$$p\dot{q} = mv^2 = 2\left(\frac{1}{2}mv^2\right) = 2T$$

となる。よって

$$p\dot{q} - L = 2T - L = 2T - (T - U) = T + U$$

と変形できる。

$$H = T + U$$

であるから、表記の関係が成立することがわかる。

　この $L = L(q,\dot{q})$ から $H = H(q,p)$ への変換を**ルジャンドル変換** (Legendre transformation) と呼んでいる。これは、2 変数が $(q,\dot{q})$ の関数 L から、変数変換によって2変数が (q,p) の関数 H への変換に相当する。変数に着目すれば $\dot{q} \to p$ の変換に対応している。ルジャンドル変換については、補遺 5-1 を参照されたい。

　いまの場合は 1 方向のみの運動を考えているが、3 次元空間の運動では、一般化座標として x,y,z の直交座標系を選び、対応する一般化運動量を p_x, p_y, p_z とすると、ハミルトニアン H は

$$H(x, y, z, p_x, p_y, p_z) = p_x \dot{x} + p_y \dot{y} + p_z \dot{z} - L(x, y, z, \dot{x}, \dot{y}, \dot{z})$$

と与えられる。

演習 5-5 バネにつながれた質量 m [kg] の物体の運動をハミルトニアンを用いて解析し、運動に対応した微分方程式を導出せよ。ただし、バネ定数を k [N/m] とする。

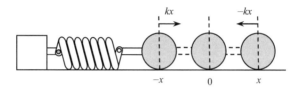

図 5-1　バネの運動

解） 平衡点の座標を 0 [m] とし、この位置からの変位を x [m] とする。まず、運動エネルギー T は、運動量を p とすると

$$T = \frac{p^2}{2m}$$

となる。

つぎに、ポテンシャルエネルギー U は、バネに働く力は $F = -kx$ であり、$x = 0$ のとき $U = 0$ とすると

$$U = -\int_0^x F \, dx = \int_0^x kx \, dx = \frac{1}{2} kx^2$$

となる。したがって、ハミルトニアンは

$$H(x, p) = T(p) + U(x) = \frac{p^2}{2m} + \frac{1}{2} kx^2$$

となる。ここで、正準方程式は

$$\frac{dx}{dt} = \frac{\partial H}{\partial p} \qquad \frac{dp}{dt} = -\frac{\partial H}{\partial x}$$

であった。よって

$$\frac{\partial H}{\partial p} = \frac{p}{m} \qquad \frac{\partial H}{\partial x} = kx$$

から

$$\frac{dx}{dt} = \frac{p}{m} \qquad \frac{dp}{dt} = -kx$$

となる。最初の式から得られる

$$p = m\frac{dx}{dt}$$

という関係を、第 2 の式の dp/dt に代入すると

$$\frac{dp}{dt} = \frac{d}{dt}\left(m\frac{dx}{dt}\right) = m\frac{d^2x}{dt^2} = -kx$$

という運動方程式が得られる。

　これは、まさに単振動に対応した微分方程式である。このように、ハミルトニアンを利用しても、運動方程式の導出が可能となる。

5.2.　一般化運動量

　一般化座標として 3 次元の直交座標 (x, y, z) を採用すれば、ハミルトニアンは
$$H = H(x, y, z, p_x, p_y, p_z)$$
のような 6 変数の関数となる。

　そして、正準方程式は

$$\frac{dx}{dt} = \frac{\partial H}{\partial p_x} \quad \frac{dp_x}{dt} = -\frac{\partial H}{\partial x} \qquad \frac{dy}{dt} = \frac{\partial H}{\partial p_y} \quad \frac{dp_y}{dt} = -\frac{\partial H}{\partial y}$$

$$\frac{dz}{dt} = \frac{\partial H}{\partial p_z} \quad \frac{dp_z}{dt} = -\frac{\partial H}{\partial z}$$

の 3 組となる。

　このとき、p_x, p_y, p_z は、直交座標系に対応した一般化運動量である。

　この関係を、さらに拡張して、自由度が n の系に対応させてみよう。まず、一般化座標として、$q_1, q_2, q_3, \dots, q_n$ とすると、ラグランジアン L は
$$L = L(q_1, q_2, \dots, q_n, \dot{q}_1, \dot{q}_2, \dots, \dot{q}_n)$$

のような $2n$ 個の変数からなる関数となる。これを

$$L = L(q_i, \dot{q}_i) \qquad (i = 1, 2, \dots, n)$$

と表記する。このとき、一般化座標 q_i に対応した一般化運動量 p_i は

$$p_i = \frac{\partial L(q_i, \dot{q}_i)}{\partial \dot{q}_i} \qquad (i = 1, 2, \dots, n)$$

と与えられる。

ところで、$L = T - U$ において、U は q のみの関数であるから、必ず

$$\frac{\partial U}{\partial \dot{q}_i} = 0$$

となる。

よって、前章でも紹介したように、一般化運動量は、ラグランジアン L を使わなくとも、運動エネルギー T から

$$p_i = \frac{\partial T}{\partial \dot{q}_i}$$

という式によって得られることになる。

ここで、一般化座標および一般化運動量を使って正準方程式を示すと

$$\frac{dq_i}{dt} = \frac{\partial H}{\partial p_i} \qquad \frac{dp_i}{dt} = -\frac{\partial H}{\partial q_i} \qquad (i = 1, 2, \dots, n)$$

の n 組となる。

このとき、ハミルトニアン H は

$$H = \sum_{i=1}^{n} p_i \dot{q}_i - L$$

となる。成分も表記すると

$$H(q_1, \dots, q_n, p_1, \dots, p_n) = p_1 \dot{q}_1 + \dots + p_n \dot{q}_n - L(q_1, \dots, q_n, \dot{q}_1, \dots, \dot{q}_n)$$

となる。

演習 5-6　質量 m [kg] の物体を斜め上方に投げ上げた場合の放物運動（図 5-2 参照）について、ハミルトニアンを用いて解析せよ。ただし、重力加速度を g [m/s^2] とする。

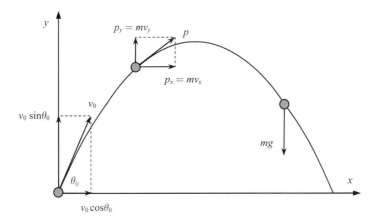

図 5-2　放物運動の模式図

解）　一般化座標として直交座標 (x, y) を採用し、x が水平方向、y を鉛直方向とする。ただし、単位は [m] である。

一般化運動量を p_x, p_y [kgm/s]とすると

$$H = T + U = \frac{p_x^2}{2m} + \frac{p_y^2}{2m} + mgy$$

となる。x 方向の 2 組の正準方程式

$$\frac{dx}{dt} = \frac{\partial H}{\partial p_x} \qquad \frac{dp_x}{dt} = -\frac{\partial H}{\partial x}$$

は

$$\frac{\partial H}{\partial p_x} = \frac{p_x}{m} \qquad \frac{\partial H}{\partial x} = 0$$

より

$$\frac{dx}{dt} = \frac{p_x}{m} \qquad \frac{dp_x}{dt} = 0$$

となる。したがって

$$\frac{d^2x}{dt^2} = \frac{d}{dt}\left(\frac{dx}{dt}\right) = \frac{d}{dt}\left(\frac{p_x}{m}\right) = \frac{1}{m}\frac{dp_x}{dt} = 0$$

となり、水平方向は、加速度が 0 の等速度運動となる。

つぎに、y 方向の 2 組の正準方程式

$$\frac{dy}{dt} = \frac{\partial H}{\partial p_y} \qquad \frac{dp_y}{dt} = -\frac{\partial H}{\partial y}$$

は

$$\frac{\partial H}{\partial p_y} = \frac{p_y}{m} \qquad \frac{\partial H}{\partial y} = mg$$

より

$$\frac{dy}{dt} = \frac{p_y}{m} \qquad \frac{dp_y}{dt} = -mg$$

となる。したがって

$$\frac{d^2 y}{dt^2} = \frac{d}{dt}\left(\frac{dy}{dt}\right) = \frac{d}{dt}\left(\frac{p_y}{m}\right) = \frac{1}{m}\frac{dp_y}{dt} = -g$$

から、運動方程式は

$$\frac{dp_y}{dt} = -mg$$

となり、等加速度運動となる。

　実際の運動の軌跡は、初速 v_0 [m/s] と、投げ上げ角度 θ_0 [rad] が与えられれば、x 方向と y 方向の初速は

$$v_0 \cos \theta_0 \qquad v_0 \sin \theta_0$$

となる。また、$t = 0$ で、$x = 0,\ y = 0$ として、これらを上記微分方程式の初期条件として与えれば、運動の軌跡を求めることができる。

5.3. 極座標

　一般化座標として、極座標を用いることを考えてみよう。ここでは、2 次元極座標 (r, θ) を考える。
　このとき、ハミルトニアンは

$$H = H(r, \theta, p_r, p_\theta)$$

となり、正準方程式は、r 方向では

$$\frac{dr}{dt} = \frac{\partial H}{\partial p_r} \qquad \frac{dp_r}{dt} = -\frac{\partial H}{\partial r}$$

となり、θ 方向では

$$\frac{d\theta}{dt} = \frac{\partial H}{\partial p_\theta} \qquad \frac{dp_\theta}{dt} = -\frac{\partial H}{\partial \theta}$$

と与えられる。

　ハミルトニアンの導出の前に、一般化運動量 p_r, p_θ を求めておこう。補遺 2-1 で示したように、極座標系における運動エネルギー T は

$$T = \frac{1}{2}m\dot{r}^2 + \frac{1}{2}mr^2\dot{\theta}^2$$

となる。よって、極座標での一般化運動量は

$$p_r = \frac{\partial T}{\partial \dot{r}} = m\dot{r} \qquad p_\theta = \frac{\partial T}{\partial \dot{\theta}} = mr^2\dot{\theta}$$

となる。

演習 5-7　極座標系における運動エネルギー T を一般化運動量 p_r ならびに p_θ を用いて表記せよ。

　解）　運動エネルギー T は

$$T = \frac{1}{2}m\dot{r}^2 + \frac{1}{2}mr^2\dot{\theta}^2$$

であり、$p_r = m\dot{r}$, $p_\theta = mr^2\dot{\theta}$ であるから

$$\dot{r} = \frac{p_r}{m} \qquad \dot{\theta} = \frac{p_\theta}{mr^2}$$

となるので、上記の式に代入すると

$$T = \frac{1}{2m}\left(p_r{}^2 + \frac{1}{r^2}p_\theta{}^2\right)$$

となる。

したがって、2次元極座標におけるハミルトニアンは、ポテンシャルエネルギーを $U(r, \theta)$ とすると

$$H = T + U = \frac{1}{2m}\left(p_r{}^2 + \frac{1}{r^2}p_\theta{}^2 \right) + U(r, \theta)$$

と与えられる。

演習 5-8 上記の2次元極座標系のハミルトニアンをもとに、r 方向の運動方程式を求めよ。

解） r 方向の正準方程式は

$$\frac{dr}{dt} = \frac{\partial H}{\partial p_r} \qquad \frac{dp_r}{dt} = -\frac{\partial H}{\partial r}$$

となる。ここで

$$H(r, \theta, p_r, p_\theta) = \frac{1}{2m}\left(p_r{}^2 + \frac{1}{r^2}p_\theta{}^2 \right) + U(r, \theta)$$

から

$$\frac{\partial H}{\partial p_r} = \frac{1}{2m}\frac{\partial}{\partial p_r}\left(p_r{}^2 + \frac{1}{r^2}p_\theta{}^2 \right) = \frac{p_r}{m}$$

となる。つぎに

$$\frac{\partial H}{\partial r} = \frac{1}{2m}\frac{\partial}{\partial r}\left(p_r{}^2 + \frac{1}{r^2}p_\theta{}^2 \right) + \frac{\partial U}{\partial r}$$

となる。ここで

$$\frac{\partial}{\partial r}\left(p_r{}^2 + \frac{1}{r^2}p_\theta{}^2 \right) = p_\theta{}^2\frac{\partial}{\partial r}(r^{-2}) = p_\theta{}^2(-2r^{-3}) = -\frac{2p_\theta{}^2}{r^3}$$

から

$$\frac{\partial H}{\partial r} = -\frac{p_\theta{}^2}{mr^3} + \frac{\partial U}{\partial r}$$

となる。したがって

$$\frac{dr}{dt} = \frac{\partial H}{\partial p_r} = \frac{p_r}{m}$$

$$\frac{dp_r}{dt} = -\frac{\partial H}{\partial r} = \frac{p_\theta{}^2}{mr^3} - \frac{\partial U}{\partial r}$$

から、r 方向の運動方程式は

$$m\frac{d^2 r}{dt^2} = m\frac{d}{dt}\left(\frac{dr}{dt}\right) = m\frac{d}{dt}\left(\frac{p_r}{m}\right) = \frac{dp_r}{dt} = \frac{p_\theta{}^2}{mr^3} - \frac{\partial U}{\partial r}$$

となる。

ここで、得られた式

$$m\frac{d^2 r}{dt^2} = \frac{p_\theta{}^2}{mr^3} - \frac{\partial U}{\partial r}$$

について少し考えてみよう。

$$p_\theta = mr^2\dot{\theta}$$

であるから

$$\frac{p_\theta{}^2}{mr^3} = \frac{m^2 r^4 \dot{\theta}^2}{mr^3} = mr\dot{\theta}^2$$

となる。よって与式は

$$m\frac{d^2 r}{dt^2} = mr\dot{\theta}^2 - \frac{\partial U}{\partial r}$$

と変形できる。ここで、$d^2 r/dt^2 = \ddot{r}$ であるから

$$m\ddot{r} - mr\dot{\theta}^2 = -\frac{\partial U}{\partial r}$$

となる。ここで補遺 2-1 より

$$F_r = m\ddot{r} - mr\dot{\theta}^2$$

であったから

$$F_r = -\frac{\partial U}{\partial r}$$

という関係が得られる。

この結果は、F_r が一般化力となることを示している。つまり

$$Q_r = F_r$$

となる。

演習 5-9 2 次元極座標系のハミルトニアンをもとに、θ 方向の運動方程式を求めよ。

解） まずハミルトニアンは

$$H(r,\theta,p_r,p_\theta) = \frac{1}{2m}\left(p_r{}^2 + \frac{1}{r^2}p_\theta{}^2\right) + U(r,\theta)$$

であり、θ 方向の正準方程式は

$$\frac{d\theta}{dt} = \frac{\partial H}{\partial p_\theta} \qquad \frac{dp_\theta}{dt} = -\frac{\partial H}{\partial \theta}$$

である。ここで

$$\frac{\partial H}{\partial p_\theta} = \frac{1}{r^2}\frac{p_\theta}{m} \qquad \frac{\partial H}{\partial \theta} = \frac{\partial U}{\partial \theta}$$

となるから、正準方程式は

$$\frac{d\theta}{dt} = \frac{1}{r^2}\frac{p_\theta}{m} \qquad \frac{dp_\theta}{dt} = -\frac{\partial U}{\partial \theta}$$

となる。よって

$$\frac{d^2\theta}{dt^2} = \frac{d}{dt}\left(\frac{d\theta}{dt}\right) = \frac{d}{dt}\left(\frac{1}{r^2}\frac{p_\theta}{m}\right) = \frac{p_\theta}{m}\frac{d}{dt}\left(\frac{1}{r^2}\right) + \frac{1}{mr^2}\frac{dp_\theta}{dt}$$

となる。

$$\frac{d}{dt}\left(\frac{1}{r^2}\right) = \frac{d}{dt}(r^{-2}) = -2r^{-3}\frac{dr}{dt} = -\frac{2}{r^3}\frac{dr}{dt}$$

であるから、θ 方向の運動方程式は

$$m\frac{d^2\theta}{dt^2} = -\frac{2p_\theta}{r^3}\frac{dr}{dt} + \frac{1}{r^2}\frac{dp_\theta}{dt} = -\frac{2p_\theta}{r^3}\frac{dr}{dt} - \frac{1}{r^2}\frac{\partial U}{\partial \theta}$$

となる。

ここで $p_\theta = mr^2\dot{\theta}$ ならびに $dr/dt = \dot{r}$ であるから

$$m\frac{d^2\theta}{dt^2} = -\frac{2mr^2\dot\theta}{r^3}\dot r - \frac{1}{r^2}\frac{\partial U}{\partial\theta} = -\frac{2m}{r}\dot r\dot\theta - \frac{1}{r^2}\frac{\partial U}{\partial\theta}$$

と変形できる。

　これが θ 方向の運動方程式となる。

　得られた方程式の両辺に r を乗じ、$d^2\theta/dt^2 = \ddot\theta$ と表記すると

$$mr\ddot\theta = -2mr\dot\theta - \frac{1}{r}\frac{\partial U}{\partial\theta}$$

となり、結局

$$2mr\dot\theta + mr\ddot\theta = -\frac{1}{r}\frac{\partial U}{\partial\theta}$$

という式が得られる。ここで、補遺 2-1 より

$$F_\theta = 2mr\dot\theta + mr\ddot\theta$$

であったので

$$F_\theta = -\frac{1}{r}\frac{\partial U}{\partial\theta}$$

となる。この結果は、F_θ が一般化力ではないこと示している。θ 方向の一般化力 Q_θ は

$$Q_\theta = -\frac{\partial U}{\partial\theta}$$

から

$$Q_\theta = rF_\theta$$

となる。これについては、前章でも紹介した。

　ここで、もっとも簡単な例として、等速円運動の場合を考えてみよう。角速度を $\omega\,[\mathrm{rad/s}]$ とすると

$$\frac{d\theta}{dt} = \omega$$

という関係が得られる。すると

$$\frac{d\theta}{dt} = \frac{1}{r^2}\frac{p_\theta}{m} = \omega$$

となるので

$$p_\theta = mr^2\omega$$

という関係が得られる。

これは、**角運動量** (angular momentum) である。つまり、2 次元極座標において、θ を一般化座標とすると、対応する一般化運動量 p_θ は角運動量となるのである。

演習 5-10　点 O に固定された長さ ℓ [m] のひもの先に質量 m [kg] の錘り P をつるし、ある角度 θ まで持ち上げて、手を放したときの運動に関するハミルトニアンを求めよ。ただし、重力加速度を g [m/s²] とする。

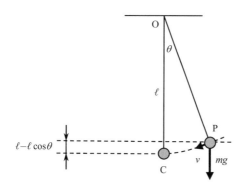

図 5-3　単振り子運動

解)　第 2 章の演習 2-5 で示したように、錘り P の円弧に沿った速さ v は

$$v = \ell\dot{\theta}$$

と与えられるので、運動エネルギー T は

$$T = \frac{1}{2}mv^2 = \frac{1}{2}m\ell^2\dot{\theta}^2$$

となる。

　ポテンシャルエネルギー U は、最下点である点 C を $U=0$ の基準にとり、鉛直上方を正とすると

$$U = mg\ell(1-\cos\theta)$$

となる。

　ここで、一般化運動量は

$$p_\theta = \frac{\partial T}{\partial \dot\theta} = m\ell^2\dot\theta$$

と与えられる。よって

$$\dot\theta = \frac{p_\theta}{m\ell^2}$$

となるから、運動エネルギーを p_θ で示すと

$$T = \frac{1}{2}m\ell^2(\dot\theta)^2 = \frac{1}{2}m\ell^2\left(\frac{p_\theta}{m\ell^2}\right)^2 = \frac{1}{2m\ell^2}p_\theta{}^2$$

よって、ハミルトニアンは

$$H(\theta,p_\theta) = T+U = \frac{1}{2m\ell^2}p_\theta{}^2 + mg\ell(1-\cos\theta)$$

となる。

　正準方程式は

$$\frac{d\theta}{dt} = \frac{\partial H}{\partial p_\theta} \qquad \frac{dp_\theta}{dt} = -\frac{\partial H}{\partial \theta}$$

であるので

$$\frac{d\theta}{dt} = \frac{\partial H}{\partial p_\theta} = \frac{p_\theta}{m\ell^2} \qquad \frac{dp_\theta}{dt} = -\frac{\partial H}{\partial \theta} = -mg\ell\sin\theta$$

から

$$\frac{d^2\theta}{dt^2} = \frac{1}{m\ell^2}\frac{dp_\theta}{dt} = -\frac{g}{\ell}\sin\theta$$

という運動方程式が得られる。

　これは、第 2 章において求めた単振り子の運動方程式である。当然のことであるが、ハミルトン形式の解析力学においても同じ結果が得られる。

つぎに、質量が M の恒星のまわりを、質量が m の惑星が運動する場合を考えてみよう。第 2 章でも紹介したが、復習の意味で再掲する。

　まず、補遺 2-1 で求めたように、極座標系の運動エネルギーは

$$T = \frac{1}{2}m(\dot{r}^2 + r^2\dot{\theta}^2)$$

となる。一方、万有引力の法則から恒星と惑星間に働く力は、万有引力定数を G として

$$F = -G\frac{Mm}{r^2}$$

と与えられる。ポテンシャルエネルギー U は、無限遠である $r = \infty$ を $U = 0$ の基準点にとると

$$U = -\int_\infty^r F\,dr = \int_\infty^r G\frac{M\,m}{r^2}\,dr = \left[-G\frac{M\,m}{r}\right]_\infty^r = -G\frac{M\,m}{r}$$

となる。

演習 5-11　惑星運動に対応したハミルトニアン $H(r,\theta,p_r,p_\theta)$ を求めよ。

　解）　一般化運動量 p_r と p_θ を求める。極座標での運動エネルギーは

$$T = \frac{1}{2}m(\dot{r}^2 + r^2\dot{\theta}^2)$$

となるので r 方向では

$$p_r = \frac{\partial T}{\partial \dot{r}} = m\dot{r}$$

となる。つぎに θ 方向では

$$p_\theta = \frac{\partial T}{\partial \dot{\theta}} = mr^2\dot{\theta}$$

となる。よって

$$\dot{r} = \frac{p_r}{m} \qquad \dot{\theta} = \frac{p_\theta}{mr^2}$$

となるから、運動エネルギー T を一般化運動量で示すと

$$T = \frac{1}{2}m\,(\dot{r}^2 + r^2\dot{\theta}^2) = \frac{1}{2m}\left(p_r{}^2 + \frac{1}{r^2}p_\theta{}^2\right)$$

したがって、ハミルトニアンは

$$H = T + U = \frac{1}{2m}\left(p_r{}^2 + \frac{1}{r^2}p_\theta{}^2\right) - G\frac{M\,m}{r}$$

となる。

　ハミルトニアンが得られたので、惑星運動の正準方程式を求めてみよう。r 方向では

$$\frac{dr}{dt} = \frac{\partial H}{\partial p_r} \qquad \frac{dp_r}{dt} = -\frac{\partial H}{\partial r}$$

となる。ここで

$$H = \frac{1}{2m}\left(p_r{}^2 + \frac{1}{r^2}p_\theta{}^2\right) - G\frac{M\,m}{r}$$

であるから

$$\frac{\partial H}{\partial p_r} = \frac{p_r}{m}$$

$$\frac{\partial H}{\partial r} = \frac{p_\theta{}^2}{2m}\frac{d}{dr}\left(\frac{1}{r^2}\right) - GM\,m\frac{d}{dr}\left(\frac{1}{r}\right) = -\frac{p_\theta{}^2}{m r^3} + G\frac{M\,m}{r^2}$$

となる。よって

$$\frac{dr}{dt} = \frac{p_r}{m} \qquad \frac{dp_r}{dt} = \frac{p_\theta{}^2}{m r^3} - G\frac{M\,m}{r^2}$$

となる。$dr/dt = p_r/m$ の両辺を t に関して微分すると

$$\frac{d^2 r}{dt^2} = \frac{1}{m}\frac{dp_r}{dt} \qquad から \qquad m\frac{d^2 r}{dt^2} = \frac{dp_r}{dt}$$

となるので、運動方程式は

$$m\frac{d^2 r}{dt^2} = \frac{dp_r}{dt} = \frac{p_\theta{}^2}{m r^3} - G\frac{Mm}{r^2}$$

と与えられる。ここで

$$p_\theta = mr^2\dot{\theta}$$

であったので、右辺に代入すると

$$m\frac{d^2r}{dt^2} = \frac{(mr^2\dot{\theta})^2}{mr^3} - G\frac{Mm}{r^2} = mr\dot{\theta}^2 - G\frac{Mm}{r^2}$$

となる。これは、第 2 章においてラグランジアン L から求めたものと同じ運動
方程式である。

演習 5-12　惑星運動の θ 方向の正準方程式から運動方程式を求めよ。

　解）　θ 方向の正準方程式は

$$\frac{d\theta}{dt} = \frac{\partial H}{\partial p_\theta} \qquad \frac{dp_\theta}{dt} = -\frac{\partial H}{\partial \theta}$$

である。ここで

$$H = \frac{1}{2m}\left(p_r{}^2 + \frac{1}{r^2}p_\theta{}^2\right) - G\frac{Mm}{r}$$

であるから

$$\frac{\partial H}{\partial p_\theta} = \frac{p_\theta}{mr^2} \qquad \frac{\partial H}{\partial \theta} = 0$$

となるので

$$\frac{d\theta}{dt} = \frac{\partial H}{\partial p_\theta} = \frac{p_\theta}{mr^2} \qquad \frac{dp_\theta}{dt} = -\frac{\partial H}{\partial \theta} = 0$$

となる。

　ここで

$$p_\theta = mr^2\dot{\theta}$$

であるが、$dp_\theta/dt = 0$ から p_θ は保存量となる。この値を定数として mD と置こ
う。すると

$$p_\theta = mr^2\dot{\theta} = mD$$

から

$$\dot{\theta} = \frac{d\theta}{dt} = \frac{D}{r^2}$$

となる。これは、まさに第 2 章で求めた θ 方向の微分方程式と同じものである。

　以上のように、ハミルトン形式の解析力学においても、ニュートンの運動方程式を導出することが可能となる。

5.4.　最小作用の原理とハミルトニアン

　ハミルトニアンは、ラグランジアンから

$$H(q_1,...,q_n, p_1,...,p_n) = \sum_{i=1}^{n} p_i \dot{q}_i - L(q_1,...,q_n, \dot{q}_1,...,\dot{q}_n)$$

というルジャンドル変換によって導くことができる。この式を変形すると、ラグランジアンは

$$L = \sum_{i=1}^{n} p_i \dot{q}_i - H$$

と与えられる。

　今後の取り扱いは、自由度が 1 でも複数の場合でも同様であるので、簡単化のために

$$L = p\dot{q} - H$$

として展開しよう。

　ここで、最小作用の原理を思い出してみよう。まず、作用 I はラグランジアン L を使うと

$$I = \int_{t_1}^{t_2} L\, dt$$

となる。I が停留値をとる条件は

$$\delta I = \delta \int_{t_1}^{t_2} L\, dt = 0$$

となる。ここで

$$\delta \int_{t_1}^{t_2} L\, dt = \int_{t_1}^{t_2} (L+\delta L)\, dt - \int_{t_1}^{t_2} L\, dt = \int_{t_1}^{t_2} \{(L+\delta L) - L\} dt = \int_{t_1}^{t_2} \delta L\, dt$$

から

$$\int_{t_1}^{t_2} \delta L \, dt = 0$$

が成立する。したがって

$$\int_{t_1}^{t_2} \delta L \, dt = \int_{t_1}^{t_2} \delta \left\{ p\dot{q} - H(q, p) \right\} dt = 0$$

となる。

　実は、この等式をもとに、正準方程式を得ることができるのである。それを確かめよう。

演習 5-13　次式が成立することを確かめよ。

$$\int_{t_1}^{t_2} \delta(p\dot{q}) \, dt = \int_{t_1}^{t_2} (\dot{q}\,\delta p - \dot{p}\,\delta q) \, dt$$

　解）　左辺の被積分関数を展開してみよう。

$$\delta(p\dot{q}) = (p + \delta p)(\dot{q} + \delta\dot{q}) - p\dot{q}$$

となる。ここで、右辺の第 1 項は

$$(p + \delta p)(\dot{q} + \delta\dot{q}) = p\dot{q} + p\delta\dot{q} + (\delta p)\dot{q} + (\delta p)(\delta\dot{q})$$

と展開できるから

$$\delta(p\dot{q}) = p\delta\dot{q} + (\delta p)\dot{q} + (\delta p)(\delta\dot{q})$$

となる。微小変位であるので 2 次の項を無視すると

$$\delta(p\dot{q}) = p\delta\dot{q} + (\delta p)\dot{q} = p\delta\dot{q} + \dot{q}\delta p$$

となる。よって

$$\int_{t_1}^{t_2} \delta(p\dot{q}) \, dt = \int_{t_1}^{t_2} (p\delta\dot{q} + \dot{q}\delta p) \, dt$$

となる。

　ここで、第 1 章で紹介した変分と微分の交換関係から

$$p\delta\dot{q} = p\,\delta\left(\frac{dq}{dt}\right) = p\frac{d}{dt}(\delta q)$$

となる。

　この関係を利用すれば、部分積分を適用することができ

$$\int_{t_1}^{t_2} p\,\delta\dot{q}\,dt = \int_{t_1}^{t_2} \left\{ p\frac{d}{dt}(\delta q) \right\} dt = \left[p\,\delta q \right]_{t_1}^{t_2} - \int_{t_1}^{t_2} \left(\frac{dp}{dt}\delta q \right) dt$$

となる。

　ここで、t_1 および t_2 においては $\delta q = 0$ であるから、最初の項は 0 となり

$$\int_{t_1}^{t_2} p\,\delta(\dot{q})\,dt = -\int_{t_1}^{t_2} \left(\frac{dp}{dt}\delta q \right) dt = -\int_{t_1}^{t_2} \dot{p}\,\delta q\,dt$$

となる。したがって

$$\int_{t_1}^{t_2} \delta(p\dot{q})\,dt = \int_{t_1}^{t_2} (\dot{q}\,\delta p - \dot{p}\,\delta q)\,dt$$

となることが確かめられる。

　ここで

$$\int_{t_1}^{t_2} \delta L\,dt = \int_{t_1}^{t_2} \delta(p\dot{q} - H)\,dt$$

である。

演習 5-14　つぎの関係が成立することを確かめよ。

$$\int_{t_1}^{t_2} \delta(p\dot{q} - H)\,dt = \int_{t_1}^{t_2} \left\{ \delta(p\dot{q}) - \delta H \right\} dt$$

　解）　　左辺の被積分関数に注目すると

$$\delta(p\dot{q} - H) = \left\{ (p + \delta p)(\dot{q} + \delta\dot{q}) - (H + \delta H) \right\} - (p\dot{q} - H)$$

$$= \left\{ (p + \delta p)(\dot{q} + \delta\dot{q}) - p\dot{q} \right\} - \left\{ (H + \delta H) - H \right\}$$

$$= \left\{ (p + \delta p)(\dot{q} + \delta\dot{q}) - p\dot{q} \right\} - \delta H$$

となる。ここで

$$\delta(p\dot{q}) = (p + \delta p)(\dot{q} + \delta\dot{q}) - p\dot{q}$$

であるから

$$\delta(p\dot{q} - H) = \delta(p\dot{q}) - \delta H$$

となる。

つぎに、変分においても、全微分と同様の

$$\delta H = \frac{\partial H}{\partial q}\delta q + \frac{\partial H}{\partial p}\delta p$$

という関係が成立することを利用すると

$$\int_{t_1}^{t_2} \{\delta(p\dot{q}) - \delta H\}\, dt = \int_{t_1}^{t_2} \left\{(\dot{q}\delta p - \dot{p}\delta q) - \left(\frac{\partial H}{\partial q}\delta q + \frac{\partial H}{\partial p}\delta p\right)\right\} dt$$

となる。

被積分関数を整理すると

$$\int_{t_1}^{t_2} \left\{\left(\dot{q} - \frac{\partial H}{\partial p}\right)\delta p - \left(\dot{p} + \frac{\partial H}{\partial q}\right)\delta q\right\} dt = 0$$

という式が得られる。

ここで、$\delta p, \delta q$ は任意の値をとることができるので、上記の方程式が成立するためには

$$\dot{q} - \frac{\partial H}{\partial p} = 0 \quad \text{かつ} \quad \dot{p} + \frac{\partial H}{\partial q} = 0$$

が条件となる。結局

$$\dot{q} = \frac{dq}{dt} = \frac{\partial H}{\partial p} \qquad \dot{p} = \frac{dp}{dt} = -\frac{\partial H}{\partial q}$$

という正準方程式が導出されることになる。

このように、最小作用の原理から、正準方程式を導出することが可能となるのである。

5.5. エネルギー保存則

実は、ラグランジュ方程式から出発して、**エネルギー保存則** (law of conservation of energy) を導出することも可能である。それを確かめてみよう。

1 次元のラグランジュ方程式は

$$\frac{d}{dt}\left(\frac{\partial L}{\partial \dot{q}}\right) - \frac{\partial L}{\partial q} = 0$$

である。L の全微分は

$$dL(q,\dot{q}) = \frac{\partial L}{\partial q}dq + \frac{\partial L}{\partial \dot{q}}d\dot{q}$$

であるから、時間に関する微分は

$$\frac{dL}{dt} = \frac{\partial L}{\partial q}\frac{dq}{dt} + \frac{\partial L}{\partial \dot{q}}\frac{d\dot{q}}{dt} = \frac{\partial L}{\partial q}\dot{q} + \frac{\partial L}{\partial \dot{q}}\ddot{q}$$

となる。したがって

$$\frac{\partial L}{\partial q}\dot{q} = \frac{dL}{dt} - \frac{\partial L}{\partial \dot{q}}\ddot{q}$$

となる。ラグランジュ方程式に $\dot{q}$ を乗ずると

$$\dot{q}\frac{d}{dt}\left(\frac{\partial L}{\partial \dot{q}}\right) - \frac{\partial L}{\partial q}\dot{q} = 0$$

ここで、左辺の第 2 項に、いま求めた関係式を代入すると

$$\dot{q}\frac{d}{dt}\left(\frac{\partial L}{\partial \dot{q}}\right) + \frac{\partial L}{\partial \dot{q}}\ddot{q} - \frac{dL}{dt} = 0$$

となる。

演習 5-15　$\dot{q}(\partial L / \partial \dot{q})$ を t に関して微分せよ。

解）

$$\frac{d}{dt}\left(\dot{q}\frac{\partial L}{\partial \dot{q}}\right) = \frac{d\dot{q}}{dt}\frac{\partial L}{\partial \dot{q}} + \dot{q}\frac{d}{dt}\left(\frac{\partial L}{\partial \dot{q}}\right) = \ddot{q}\frac{\partial L}{\partial \dot{q}} + \dot{q}\frac{d}{dt}\left(\frac{\partial L}{\partial \dot{q}}\right)$$

となる。

　この演習の結果得られた右辺の 2 つの項は、先ほどの式の最初の 2 項に対応している。したがって

$$\dot{q}\frac{d}{dt}\left(\frac{\partial L}{\partial \dot{q}}\right) + \frac{\partial L}{\partial \dot{q}}\ddot{q} - \frac{dL}{dt} = \frac{d}{dt}\left(\dot{q}\frac{\partial L}{\partial \dot{q}}\right) - \frac{dL}{dt} = 0$$

となる。

　これを、t の微分としてまとめると

$$\frac{d}{dt}\left(\dot{q}\frac{\partial L}{\partial \dot{q}} - L\right) = 0$$

となる。つまり、C を定数として

$$\dot{q}\frac{\partial L}{\partial \dot{q}} - L = C$$

となることがわかる。

　これが、いわば、ラグランジュ方程式の積分形ということになる。

演習 5-16　ラグランジアンを

$$L = T - U = \frac{1}{2}m\dot{q}^2 - U(q)$$

としたとき、$T + U = C$ となることを確かめよ。

　解）　上記のラグランジアンを $\dot{q}$ に関して偏微分すると

$$\frac{\partial L}{\partial \dot{q}} = m\dot{q}$$

となる。ここで

$$\dot{q}\frac{\partial L}{\partial \dot{q}} - L = C$$

であるが

$$\dot{q}\frac{\partial L}{\partial \dot{q}} = m\dot{q}^2 = 2\left(\frac{1}{2}m\dot{q}^2\right) = 2T$$

と置けるので

$$\dot{q}\frac{\partial L}{\partial \dot{q}} - L = 2T - (T - U) = T + U$$

したがって

$$T + U = C$$

となる。

これは、まさにエネルギー保存の法則である。このように、ラグランジュ方程式による運動解析も、ハミルトニアンによる運動解析も、根底ではつながっているのである。

補遺 5-1　ルジャンドル変換

ルジャンドル変換 (Legendre transformation) は、フランスの数学者ルジャンドル (Andrien-Marie Legendre, 1752-1833) が解析力学におけるラグランジアン L をハミルトニアン H に変換する際に用いた手法とされている。

ここでは、その基本から復習してみよう。図 A5-1 に示すような下に凸の関数である

$$y = f(x)$$

のグラフを考える。

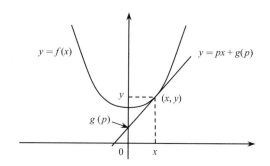

図 A5-1　ルジャンドル変換における変数変換

この曲線 $y = f(x)$ 上の点 (x, y) を考え、この点での接戦の傾きを p とする。この接線と y 軸の交点、すなわち y 切片を $g(p)$ とすると、接線を表す式は

$$y = px + g(p)$$

となる。

このとき、曲線上の点 (x, y) に $(p, g(p))$ が 1 対 1 で対応する。そして、この曲線上の点はすべて、新しい変数 p で表現することができる。つまり

$$(x, f(x)) \rightarrow (p, g(p))$$

のような変数変換が可能となる。これをルジャンドル変換と呼ぶのである。

　ただし、関数によっては、このような変換ができない場合がある。まず、微分不可能な関数は対象外である。また、直線 $y = ax + b$ も変換不能である。基本的には、接線をなめらかに引くことができ、下に凸（あるいは上に凸）のかたちをした関数が対象となる。

　それでは $g(p)$ を求めてみよう。

$$y = f(x) = px + g(p)$$

であるから

$$g(p) = f(x) - px$$

となる。

　ただし、p は接線の傾きであるから

$$p = f'(x) = y'$$

という関係にある。

演習 A5-1　$p = y'$ として、$y = x^2$ に対してルジャンドル変換を実行せよ。

　解）

$$g(p) = f(x) - px = x^2 - px$$

であるが

$$p = f'(x) = y' = 2x$$

から

$$x = \frac{p}{2}$$

となる。したがって、ルジャンドル変換によって得られる p を変数とする新たな関数は

$$g(p) = \left(\frac{p}{2}\right)^2 - p \cdot \frac{p}{2} = -\frac{p^2}{4}$$

となる。

それでは、ルジャンドル変換を一般化してみよう。2 変数関数 $f(x, y)$ を考える。この全微分は

$$df(x, y) = \frac{\partial f(x, y)}{\partial x} dx + \frac{\partial f(x, y)}{\partial y} dy$$

となる。略記号を使うと

$$df = f_x dx + f_y dy$$

と表記することができる。

ここで、独立変数 x のかわりに、偏微分係数 f_x を変数とする関数をつくりたいものとしよう。そして、新たな関数 $g(f_x, y)$ を

$$g(f_x, y) = f_x x - f(x, y)$$

と置く。

これが、$x \to f_x$ のルジャンドル変換である。この $g(f_x, y)$ の全微分は

$$dg = f_x dx + x df_x - df$$

となる。

先ほどの df を代入すると

$$dg = x df_x - f_y dy$$

となる。もとの

$$df = f_x dx + f_y dy$$

と比べると、x の項だけが変数変換されていることがわかるであろう。

ここで、ラグランジアン L を思い出そう。L は

$$L = L(q, \dot{q})$$

のように、q と $\dot{q}$ の関数である。

この全微分は

$$dL = \frac{\partial L(q, \dot{q})}{\partial q} dq + \frac{\partial L(q, \dot{q})}{\partial \dot{q}} d\dot{q} = L_q \, dq + L_{\dot{q}} \, d\dot{q}$$

となる。ここで、運動量は

$$p = \frac{\partial L(q, \dot{q})}{\partial \dot{q}} = L_{\dot{q}}$$

のように、L の $\dot{q}$ に関する偏微分係数となっている。

演習 A5-2　ラグランジアン $L(q,\dot{q})$ に対して、$\dot{q} \to p$ のルジャンドル変換を実行せよ。

解）　この変数変換は関数で見れば

$$L(q,\dot{q}) \quad から \quad H(q,p)$$

への変換となる。

ここで、一般式におけるルジャンドル変換は

$$g(x,f_y) = f_y\, y - f(x,y)$$

であった。いまの場合

$$L(q,\dot{q}) = f(x,y) \qquad H(q,p) = g(x,f_y)$$

と対応させればよい。

すると

$$f_y - \frac{\partial f(x,y)}{\partial y} \;\to\; L_{\dot{q}} = \frac{\partial L(q,\dot{q})}{\partial \dot{q}}$$

となる。また

$$p = \frac{\partial L(q,\dot{q})}{\partial \dot{q}} = L_{\dot{q}}$$

であるから

$$g(x,f_y) = H(q,L_{\dot{q}}) = H(q,p)$$

となって、ルジャンドル変換は

$$H(q,p) = H(q,L_{\dot{q}}) = L_{\dot{q}}\,\dot{q} - L(q,\dot{q}) = p\dot{q} - L(q,\dot{q})$$

となる。

つまり、ラグランジアン L からハミルトニアン H へのルジャンドル変換は

$$H(q,p) = p\dot{q} - L(q,\dot{q})$$

となる。

他の分野においても、微分係数を新たな変数としたい場合には、ルジャンドル変換が有効である。解析力学では、ラグランジアン L の $\dot{q}$ に関する偏微分が運動量 p という物理量に対応するために、ルジャンドル変換によって、運動量 p を変数とする関数であるハミルトニアンを導出することが可能となったのである。

実は、熱力学では、いろいろな微分係数が熱力学関数に対応している。このため、ルジャンドル変換が有効である。たとえば、内部エネルギー U のルジャンドル変換によって、エンタルピー H やヘルムホルツの自由エネルギー F が導出できることが知られている（詳細は『統計力学－応用編』村上、飯田、小林著、飛翔舎 (2023) を参照されたい）。

　ただし、熱力学では

$$g(f_x, y) = f(x, y) - f_x x$$

というルジャンドル変換を使う。

　先ほどの変換

$$g(f_x, y) = f_x x - f(x, y)$$

とは、正負が反転していることに注意されたい。

　また、このとき

$$dg = -x\, df_x + f_y\, dy$$

となる。第 6 章で利用するルジャンドル変換では、こちらの式を使う。

第6章　正準変換

　ハミルトン形式の解析力学ではハミルトニアン H を基本に、一般化座標 q と一般化運動量 p を変数として、物体の運動を記述する**正準方程式** (canonical equations) を構築することができる。

　このとき、q と p の組を**正準変数** (canonical variables) と呼んでいる。実は、ハミルトンの正準方程式の形式を維持したまま、$(q, p) \to (Q, P)$ の変数変換をすることが可能であり、**正準変換** (canonical transformation) と呼ばれている。このとき、新たな変数の組である (Q, P) も正準変数となる。本章では、正準変換がどのようなものかを紹介する。

6.1.　位置と運動量

　ハミルトン形式の解析力学では、**ハミルトニアン** (Hamiltonian) H が主役を演じるが、H は

$$H = H(q, p)$$

のように、一般化座標 q と一般化運動量 p の関数となっている。

　ここで、少し、q と p のふたつの物理量を変数とする意味について考えてみよう。実は、ハミルトニアン H は**量子力学** (quantum mechanics) へと応用され、その建設に大きな貢献をはたしている。

　量子力学は、原子核のまわりの電子の運動を明らかにすることを主たる目的として発展した学問である。いわば、電子の**動力学** (dynamics of electrons) と考えることもできる。ただし、作用する力は万有引力ではなく、クーロン相互作用（クーロン力）である。

　さて、電子の運動を解析するためには、もちろん、その位置 q を知る必要がある。しかし、位置がわかっているだけでは、電子の運動は解析できない。電子がどちらの方向に、どれくらいの速さで動くかがわからないと、その運動を捉えた

ことにならないからである。つまり、電子の運動を知るためには、q だけでなく、運動量 p の情報も必要となる。ハミルトニアンが、変数として q と p の 2 個を必要とするのは、このような理由による。

逆の視点でみれば、q と p に関する情報があれば物体の運動を記述できることになる。そこで、(q, p) を座標としたグラフを描き、それによって運動の様子を解析する手法がある。このとき、q–p 平面を位相平面と呼んでいる。

ただし、実際の運動は 3 次元空間で生じるので、$(q_x, q_y, q_z, p_x, p_y, p_z)$ の 6 次元の座標が必要になる。このため、一般には平面ではなく、**位相空間** (phase space) と呼んでいる。

6.2. 位相空間と単振動

位相空間を利用した物体の解析では単振動が有名であり、その効用がわかりやすいので、それを紹介しよう。

原子 (atom) の中の**電子** (electron) は、単純には、**原子核** (atomic nucleus) のまわりを等速円運動をしているものとみなすことができる。ところで、等速円運動をある軸方向から眺めれば、**単振動** (simple harmonic motion) に見える。たとえば、図 6-1 に示すように xy 座標をとった 2 次元平面の電子の円運動は、y 軸方向から眺めれば、x 軸に沿った単振動となる。

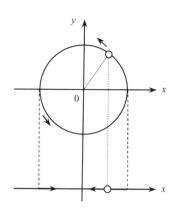

図 6-1　等速円運動を、平面の y 軸方向から眺めると x 軸に沿った単振動となる。

　量子力学建設の初期においては、単振動をもとに、電子の運動を解析するという簡単化が行われ、成功を収めた。ただし、量子力学では、単振動ではなく、調和振動子と呼ぶことが多い。

　ここで、単振動について、少し復習しておこう。質量 m[kg] の物体が、バネ定数 k[N/m] のバネにつながれて振動している場合のエネルギーを求める。運動量を p[kgm/s] とし、つりあい点からの変位を q[m] とする。

　すると、運動エネルギー T は

$$T = \frac{1}{2}mv^2 = \frac{p^2}{2m}$$

と与えられる。次に、ポテンシャルエネルギー U を求めよう。まず、バネに発生する力は、フックの法則により変位 q に比例するので

$$F = -kq$$

となる。力の符号が負となるのは、つりあい点に戻そうとする復元力を意味している。このとき、U は

$$U = -\int F\, dq = \frac{1}{2}kq^2$$

となる。ただし、$q = 0$ において $U = 0$ としている。よって、ハミルトニアンは

$$H = H(q,p) = \frac{p^2}{2m} + \frac{1}{2}kq^2$$

と与えられる。

　まさつがない場合、力学的エネルギーは保存される。これを E と置くと

$$\frac{p^2}{2m} + \frac{1}{2}kq^2 = E$$

となる。両辺を E で除すと

$$\frac{p^2}{2mE} + \frac{q^2}{2E/k} = 1$$

となる。

　これは、図 6-2 に示すように、q–p 平面 における **楕円** (ellipse) となり、それぞれの軸の長さは

$$p = \sqrt{2mE} \qquad q = \sqrt{\frac{2E}{k}}$$

となる。

　ここで、単振動は 1 次元の運動であるが、その運動を記述するためには $q-p$ 平面という 2 次元平面が必要になることに注意されたい。

　単振動の解析にあたって、楕円に沿った時計まわりの回転を考えてみる。出発点として図の点 A $(q, p) = (\sqrt{2E/k}, 0)$ を考える。これは、バネが伸びた状態である。すると、バネが縮むにしたがって、q は減少し、負の方向の p が増えていき、$q = 0$ で最も大きな運動量 $p = -\sqrt{2mE}$ となる点 B に達する。この後、p の大きさが減少し、距離が $q = -\sqrt{2E/k}$ に達した点 C で $p = 0$ となる。その後は、正方向の運動となり、単振動を繰り返すことになる。

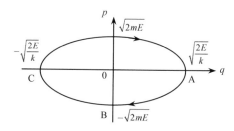

図 6-2　位相空間（$q-p$ 平面）における単振動のトラジェクトリー

　そして、まさつのない単振動では、位相空間（$q-p$ 平面）の同じ**楕円軌道** (elliptic orbit) を永遠に動き続けることになる。

　このように、位相空間の軌跡によって、運動の様子を知ることができる。ところで、一般の運動において、平面ではなく空間と呼ぶのは、すでに紹介したように、実際の運動は 3 次元空間で生じ、少なくとも 3 組の (q, p) が必要となって、位相空間は 6 次元となるからである。一般には自由度 f の系では、その位相空間は $2f$ 次元となる。

　これら**多次元空間** (multi-dimensional space) を図に描くことは、残念ながらできない。ただし、わかりやすく、かつ、有用なものは、2 次元の $q-p$ 平面である。多次元系への適用が必要であれば、この平面を複数個描けばよいのである。

　たとえば、図 6-2 は x 軸に沿った単振動の位相平面であるが、これを 3 次元の

運動に拡張したいのであれば、y 軸、z 軸に沿った位相平面も描けばよいことになる。

解析力学では、位相平面である q–p 平面に描かれた軌道のことを**トラジェクトリー** (trajectory) と呼んでいる。トラジェクトリーとは、もともとは弾道や飛行物体の航路のことを指し、flight path と同義である。惑星の軌道も trajectory と呼ばれる。

ここで、図 6-2 の単振動に対応した q–p 平面上でのトラジェクトリーとなる楕円の面積を計算してみよう。すると、楕円の面積の公式より

$$S = \pi pq = \pi \sqrt{2mE} \sqrt{\frac{2E}{k}} = 2\pi \sqrt{\frac{m}{k}} E$$

となる。右辺の E 以外の変数は m も k も定数であるから、位相空間におけるトラジェクトリーが囲む面積は、その系のエネルギーに比例することになる。

ここで、第 2 章で導入した**作用** (action) について思い出してみよう。それは

$$I = \int p \, dq$$

と与えられるのであった。**作用積分** (action integral) とも呼ばれる。これも、q–p 平面における積分となっている。一方、本章で導入するのは

$$J = \oint p \, dq$$

のようなトラジェクトリーに沿った**周回積分** (contour integration) となる。この J のことを**作用変数** (action variable) と呼んでいる。

まさつがない（熱が発生しない）周期運動においては、この値は不変であるため、**断熱不変量** (adiabatic invariable) と呼ぶこともある。

ところで、先ほど求めたように、トラジェクトリーによって囲まれた面積は

$$J = 2\pi \sqrt{\frac{m}{k}} E$$

となっている。実は、単振動においては　$\omega = \sqrt{k/m}$　という関係にあり、ω は角速度に相当する。したがって

$$J = 2\pi \sqrt{\frac{m}{k}} E = 2\pi \frac{E}{\omega}$$

となる。また、振動数を $\nu\,[\text{s}^{-1}]$ と置くと $2\pi\nu = \omega$ であるから単振動の周期 t は

$$t = \frac{1}{\nu} = \frac{2\pi}{\omega}$$

となり、作用変数は

$$J = Et \left(= \frac{E}{\nu} = 2\pi\frac{E}{\omega} \right)$$

から、エネルギー $E\times$ 時間 t という単位 $[\text{J}\cdot\text{s}]$ を有することがわかる。

実は、量子力学では、電子軌道として許されるのは、電子波の整数倍の軌道である。この条件は、位相平面における作用変数を使うと

$$J = \oint p\,dq = nh \quad (n = 1, 2, 3...)$$

となる。ただし、h は**プランク定数** (Planck constant) である。

これを**ゾンマーフェルトの量子条件** (Sommerfeld quantum condition) と呼んでいる。その結果、電子のエネルギーが

$$E = \left(n + \frac{1}{2} \right) h\nu$$

のように、とびとびの値をとり、量子化されることが示されたのである。そして、これが量子力学誕生の基礎となったのである。作用変数が物理において重要視されるようになったのは、量子条件が背景にある。

6.3. 一般の運動

もちろん、単振動だけでなく、一般の運動に対しても位相平面におけるトラジェクトリーを描くことはできる。それを紹介しておこう。

あるポテンシャルエネルギー U のもとで運動する物体のエネルギーは

$$\frac{p^2}{2m} + U(q) = E$$

と与えられる。

一般に、ポテンシャルエネルギーは位置 q のみの関数となるので、$U(q)$ と表記している。すると

$$p = \pm\sqrt{2m\{E - U(q)\}}$$

という関係が得られる。

　このグラフを q–p 平面に描けば、それが一般の運動に対応したトラジェクトリーとなる。

　ここで、ポテンシャルエネルギーのない場での運動を考えてみよう。このとき、$U = 0$ となるので

$$p = \pm\sqrt{2mE}$$

となる。よって、p は q に関係なく、一定の値をとり、トラジェクトリーは直線となる。これは、等速直線運動であり、＋の符号は、物体が q 軸上で正の方向に、また、－は負の方向に進む場合に対応する。

演習 6-1　高さ h[m] から質量 m[kg] の物体を自由落下させるときの、トラジェクトリーを描け。ただし、重力加速度を g[m/s²] とする。

　解)　　q を高さとし鉛直方向を正にとる。すると、$E = mgh,\ U = mgq$ であり、$p < 0$ であるから

$$p = -\sqrt{2m\{E - U(q)\}} = -\sqrt{2m(mgh - mgq)} = -m\sqrt{2g(h - q)}$$

となり、トラジェクトリーは図 6-3 のようになる。

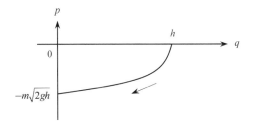

図 6-3　位相空間 (q–p 平面) における自由落下のトラジェクトリー

自由落下では、図 6-3 の $(q, p) = (h, 0)$ を始点として、図の曲線にしたがって移動し、$(q, p) = (0, \ -m\sqrt{2gh}\,)$ が終点となる。この一方通行で終わりである。

よって、落下運動を含めて、一般の運動に対してトラジェクトリーを描く意味はあまりない。それが威力を発揮するのは、周期運動に対してである。もともとこの手法は、惑星の周期運動の解析など天文学で培われたものである。

実は、正準変換も、単振動を対象とすると、その意味がわかりやすい。そこで、単振動における正準変換がどのようなものかを説明しよう。

6.4. 正準変換

単振動の q–p 関係は

$$\frac{q^2}{2E/k} + \frac{p^2}{2mE} = 1$$

と与えられる。この関係を位相平面（q–p 平面）に描くと、図 6-2 の楕円となる。このとき、楕円の基本式

$$\frac{q^2}{a^2} + \frac{p^2}{b^2} = 1$$

に照らせば

$$a = \sqrt{\frac{2E}{k}} \quad b = \sqrt{2mE}$$

となり、それぞれが軸長となる。

ここで、適当な変数変換によって、楕円を円に換えるとするとどうだろうか。このため

$$X^2 = \frac{q^2}{2E/k} \qquad Y^2 = \frac{p^2}{2mE}$$

という新たな変数 X, Y をつくってみよう。

すると

$$X^2 + Y^2 = 1$$

となり、半径 1 の円となる。

このときの変数変換は

$$X = \sqrt{\frac{k}{2E}}q \qquad Y = \frac{1}{\sqrt{2mE}}p$$

となる。

ただし、このままでは、位相空間の面積は π となるので、変換前の作用変数

$$J = 2\pi\sqrt{\frac{m}{k}}E\left(=2\pi\frac{E}{\omega}\right)$$

とは値が変化してしまう。そこで、J の値（つまり系のエネルギー）が変化しないような変数変換を考えてみよう。

演習 6-2　作用変数が

$$J = 2\pi\sqrt{\frac{m}{k}}E\left(=2\pi\frac{E}{\omega}\right)$$

となる円軌道を考え、その場合の $(q,p) \to (Q,P)$ 変換を求めよ。

解）　(Q,P) からなる位相平面における円の半径を R とすると

$$Q^2 + P^2 = R^2$$

となる。

この作用変数は $J = \pi R^2$ となるので、変数変換によって J が不変とすれば

$$J = 2\pi\sqrt{\frac{m}{k}}E = \pi R^2$$

となる。よって R は

$$R = \sqrt{2E}\left(\frac{m}{k}\right)^{\frac{1}{4}}$$

となる。半径が 1 への変数変換が

$$X = \sqrt{\frac{k}{2E}}q \qquad Y = \frac{1}{\sqrt{2mE}}p$$

であったから、Q,P への変換では、これらを R 倍すればよく

$$Q = RX = R\sqrt{\frac{k}{2E}}q \qquad P = RY = \frac{R}{\sqrt{2mE}}p$$

となる。

よって、座標 (Q, P) は

$$Q = R\sqrt{\frac{k}{2E}}q = (mk)^{\frac{1}{4}}q$$

$$P = \frac{R}{\sqrt{2mE}}p = \frac{1}{(mk)^{\frac{1}{4}}}p = (mk)^{-\frac{1}{4}}p$$

と与えられる。

　上記の変数変換を行えば、変換前と同じ作用変数 J の値を有し、トラジェクトリーが円となる新たな座標 (Q, P) を与えることができる。つまり、位相空間におけるトラジェクトリーは図 6-4 のような円となる。

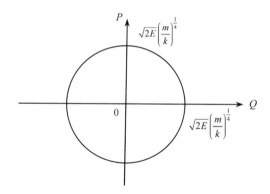

図 6-4　位相空間（q–p 平面）における単振動の楕円のトラジェクトリーは、正準変換によって、新たな位相空間（Q–P 平面）では円へと変換される。

　これが**正準変換** (canonical transformation) であり、(Q, P) は正準変数となる[13]。ここで、新たな変数におけるハミルトニアンを求めてみよう。逆変換は

$$p = (mk)^{\frac{1}{4}}P \qquad q = (mk)^{-\frac{1}{4}}Q$$

---

[13] 後ほど示すように、より厳密には、正準変換後に、新たなハミルトニアンのもとでも正準方程式が成立する変換のことである。

となるので、単振動のエネルギー

$$\frac{p^2}{2m} + \frac{1}{2}kq^2 = E$$

に代入すると

$$\frac{(mk)^{\frac{1}{2}}}{2m}P^2 + \frac{1}{2}k(mk)^{-\frac{1}{2}}Q^2 = E$$

となり、整理すると

$$\frac{1}{2}\sqrt{\frac{k}{m}}P^2 + \frac{1}{2}\sqrt{\frac{k}{m}}Q^2 = E(=H)$$

となる。

　よって、新たな正準変数 (Q, P) におけるハミルトニアンは

$$\hat{H} = \frac{1}{2}\sqrt{\frac{k}{m}}P^2 + \frac{1}{2}\sqrt{\frac{k}{m}}Q^2$$

と与えられる。

　ちなみに、単振動の角速度

$$\omega = \sqrt{\frac{k}{m}}$$

を使うと、ハミルトニアンは

$$\hat{H} = \frac{\omega}{2}(P^2 + Q^2)$$

と置くことができる。

演習 6-3　ハミルトニアンが

$$H = \frac{p^2}{2m} + \frac{1}{2}kq^2$$

と与えられる系において、変数変換

$$Q = (mk)^{1/4}q \quad および \quad P = (mk)^{-1/4}p$$

によって得られる変数 (Q, P) が正準方程式を満足することを示せ。

　解）　新たな正準変数 (Q, P) において正準方程式

$$\frac{dQ}{dt}=\frac{\partial \hat{H}}{\partial P} \qquad \frac{dP}{dt}=-\frac{\partial \hat{H}}{\partial Q}$$

が成立することを示す。

まず、系のハミルトニアンは

$$\hat{H}=\frac{1}{2}\sqrt{\frac{k}{m}}\,P^2+\frac{1}{2}\sqrt{\frac{k}{m}}\,Q^2$$

である。ここで、 $Q=(mk)^{1/4}q$ より

$$\frac{dQ}{dt}=(mk)^{\frac{1}{4}}\frac{dq}{dt}$$

となる。ここで、 変換前の (q,p) 系における正準方程式から

$$\frac{dq}{dt}=\frac{\partial H}{\partial p}=\frac{p}{m}$$

であり、 $p=(mk)^{1/4}P$ より

$$\frac{dQ}{dt}=(mk)^{\frac{1}{4}}\frac{dq}{dt}\ =(mk)^{\frac{1}{4}}\frac{p}{m}=(mk)^{\frac{1}{4}}\frac{1}{m}\left\{(mk)^{\frac{1}{4}}P\right\}=(mk)^{\frac{1}{2}}\frac{P}{m}=\sqrt{\frac{k}{m}}\,P$$

となる。ここで

$$\frac{\partial \hat{H}}{\partial P}=\sqrt{\frac{k}{m}}\,P$$

より

$$\frac{dQ}{dt}=\frac{\partial \hat{H}}{\partial P}$$

という関係が成立する。つぎに、(q,p) 系における正準方程式から

$$\frac{dp}{dt}=-\frac{\partial H}{\partial q}=-kq$$

となるので

$$\frac{dP}{dt}=(mk)^{-\frac{1}{4}}\frac{dp}{dt}=-(mk)^{-\frac{1}{4}}\frac{\partial H}{\partial q}=-(mk)^{-\frac{1}{4}}kq$$

となる。 $q=(mk)^{-1/4}Q$ より

$$\frac{dP}{dt}=-(mk)^{-\frac{1}{4}}k\left\{(mk)^{-\frac{1}{4}}Q\right\}=-(mk)^{-\frac{1}{2}}kQ=-\sqrt{\frac{k}{m}}\,Q$$

ならびに

$$\frac{\partial \hat{H}}{\partial Q} = \sqrt{\frac{k}{m}}\, Q$$

より

$$\frac{dP}{dt} = -\frac{\partial \hat{H}}{\partial Q}$$

が成立し、正準方程式が成立することがわかる。

　したがって、$(q, p) \rightarrow (Q, P)$ という変数変換において新たなハミルトニアン $\hat{H}$ を導入すると、正準方程式の形式が維持される。これが正準変換である。

　ところで、今は

$$Q = (mk)^{1/4} q \qquad P = (mk)^{-1/4} p$$

という変数変換を考えたが、これとは異なる変数変換についても考えてみよう。

演習 6-4　正準変数 (q, p) のハミルトニアンが

$$H(p, q) = \frac{\omega}{2}(p^2 + q^2)$$

と与えられるとき、つぎの変数変換

$$q = \sqrt{2P}\sin Q \qquad p = \sqrt{2P}\cos Q$$

によって得られる新たな変数 (Q, P) が正準変数となることを確かめよ。

　解）　ハミルトニアンの変数を Q, P に変換してみよう。

$$H = \frac{\omega}{2}(p^2 + q^2)$$

に、上記の変数変換を代入すると

$$\hat{H} = \frac{\omega}{2}(2P\cos^2 Q + 2P\sin^2 Q) = \omega P$$

となる。ここで、正準方程式は

$$\frac{dQ}{dt} = \frac{\partial \hat{H}}{\partial P} \qquad -\frac{dP}{dt} = \frac{\partial \hat{H}}{\partial Q}$$

となるので

$$\frac{dQ}{dt} = \omega \qquad -\frac{dP}{dt} = 0$$

を確かめればよい。

　まず、変数 Q を q, p で表現しよう。すると

$$\frac{q}{p} = \frac{\sqrt{2P}\sin Q}{\sqrt{2P}\cos Q} = \tan Q$$

より

$$Q = \tan^{-1}\left(\frac{q}{p}\right)$$

となる。（この結果から、Q は角度 θ に対応することがわかる。Q のことを角変数と呼ぶ場合もある。あるいは、一般化座標として θ を採用したことになる。）

　つぎに変数 P を q, p で表現する。

$$p^2 + q^2 = 2P(\sin^2 Q + \cos^2 Q) = 2P$$

より

$$P = \frac{p^2 + q^2}{2}$$

となる。

　そのうえで、dQ/dt を計算する。ここで

$$\frac{d}{dx}(\tan^{-1}x) = \frac{1}{1+x^2}$$

という微分公式を使う。

　$x = q/p$ と置くと

$$\frac{dQ}{dt} = \frac{dQ}{dx}\frac{dx}{dt} = \frac{1}{1+x^2}\frac{dx}{dt}$$

したがって

$$\frac{dQ}{dt} = \frac{1}{1+(q/p)^2}\frac{d}{dt}\left(\frac{q}{p}\right)$$

となる。ここで

$$\frac{d}{dt}\left(\frac{q}{p}\right) = \frac{\left(\frac{dq}{dt}\right)p - q\left(\frac{dp}{dt}\right)}{p^2} = \frac{\dot{q}p - \dot{p}q}{p^2}$$

であるから

$$\frac{dQ}{dt}=\frac{1}{1+(q/p)^2}\frac{\dot{q}\,p-\dot{p}\,q}{p^2}=\frac{\dot{q}\,p-\dot{p}\,q}{p^2+q^2}$$

となる。p,q に関する正準方程式から

$$\frac{dq}{dt}=\dot{q}=\frac{\partial H}{\partial p}=\omega p \qquad \frac{dp}{dt}=\dot{p}=-\frac{\partial H}{\partial q}=-\omega q$$

という関係にあるので

$$\frac{dQ}{dt}=\frac{\dot{q}\,p-\dot{p}\,q}{p^2+q^2}=\frac{\omega(p^2+q^2)}{p^2+q^2}=\omega$$

となる。つぎに、$P=\dfrac{p^2+q^2}{2}$ であるから

$$\frac{dP}{dt}=\frac{dP}{dp}\frac{dp}{dt}+\frac{dP}{dq}\frac{dq}{dt}=p\frac{dp}{dt}+q\frac{dq}{dt}$$

となる。ここで、正準方程式

$$\frac{dq}{dt}=\omega p \qquad \frac{dp}{dt}=-\omega q$$

より

$$\frac{dP}{dt}=p\frac{dp}{dt}+q\frac{dq}{dt}=-\omega pq+\omega qp=0$$

となる

　したがって、変換後の変数 Q,P においても正準方程式が成立することが確認できる。

　この正準変換によって、ハミルトニアンは

$$\hat{H}=\omega P$$

と実に簡単となる。この結果を見ると、変換後の一般化運動量 $P(=\hat{H}/\omega)$ の単位はエネルギー E を角速度 ω で除したものであり、作用変数 $J\ (=2\pi E/\omega)$ と等価である。実際に、いまの変換は、一般化座標を角変数に、一般化運動量を作用変数に変換したものとみなせるのである。

　さらに、この正準変換によって正準方程式は

$$\frac{dQ}{dt} = \omega \qquad \frac{dP}{dt} = 0$$

と簡単化される。これら方程式は、ただちに解法することができ、C_1, C_2 を定数として

$$Q = \omega t + C_1 \qquad P = C_2$$

が解となる。

$P = C_2$ は、作用変数が一定に保たれることを意味しており

$$P = \frac{p^2 + q^2}{2} = \frac{1}{\omega}\left\{\frac{\omega}{2}(p^2 + q^2)\right\} = \frac{E}{\omega} = C_2$$

のように、単振動では角速度 ω が一定であるから、エネルギー保存の法則を意味する。また、$Q = \omega t + C_1$ は角度に対応するから等速円運動（横から見れば単振動）を意味する。

このように、正準変換によって、微分方程式の解が簡単に得られることが、変換のひとつの効用となる。

それでは、この新たな正準変数からなる位相平面である $Q\text{–}P$ 座標を使って、この運動のトラジェクトリーを描いたらどうなるだろうか。まず $P = C_2$ から、運動量 P は Q の値に関係なく、常に一定である。

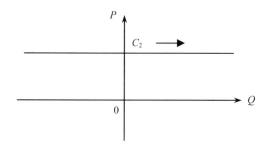

図 6-5 位相 $(q\text{–}p)$ 平面における円運動のトラジェクトリーは、演習 6-4 の正準変換によって、新たな位相 $(Q\text{–}P)$ 平面では直線へと変換される。ただし、一般化座標 Q と、一般化運動量 P は $Q = \theta$，$P = J$ のように角変数と作用変数と等価となる。

一方、Q は t が変数であるから、P の値に関係なく、自由に Q 軸に沿って移動

することができる。結局、運動のトラジェクトリーは Q–P 平面では、図 6-5 に示すような直線となるのである。

このように、正準変換を使うと、位相平面上での楕円が、円となり、さらに直線へと変換できる。

6.5.　ラグランジュ方程式の不定性

実は、正準変換は、数学的には、最小作用の原理を与えるラグランジアン L の任意性と関係している。もちろん、物理的な意味では、ラグランジアンは $L = T - U$ で十分であるが、実は、その任意性のために、数学的な拡張が可能となる。それを説明しよう。

ラグランジュ方程式は

$$\frac{d}{dt}\left(\frac{\partial L}{\partial \dot{q}}\right) - \frac{\partial L}{\partial q} = 0$$

であり、ラグランジアン L は

$$L = T - U$$

と与えられる。たとえば、重力場では、鉛直上方を正として位置座標 q を地面からの高さとすると

$$L = \frac{1}{2}m\dot{q}^2 - mgq$$

となる。これをラグランジュ方程式に代入すると

$$\frac{\partial L}{\partial \dot{q}} = m\dot{q} \qquad \frac{d}{dt}\left(\frac{\partial L}{\partial \dot{q}}\right) = m\frac{d\dot{q}}{dt} = m\frac{d^2q}{dt^2} \qquad \frac{\partial L}{\partial q} = -mg$$

から

$$m\frac{d^2q}{dt^2} = -mg$$

となり、運動方程式が得られる。これが解析力学における典型的な解法パターンである。

ところで、われわれは $L = T - U$ を所与のものとし

$$\delta I = \delta \int_{t_1}^{t_2} L\, dt = 0$$

を満足する条件から運動を解析しているが、実は、この方程式を満足する L には不定性があるのである。たとえば

$$\hat{L} = L + \dot{q}\,q = \frac{1}{2}m\dot{q}^2 - mgq + \dot{q}\,q$$

という関数を考えてみよう。すると

$$\frac{\partial \hat{L}}{\partial \dot{q}} = m\dot{q} + q \qquad \frac{d}{dt}\left(\frac{\partial \hat{L}}{\partial \dot{q}}\right) = m\frac{d\dot{q}}{dt} + \frac{dq}{dt} = m\frac{d^2q}{dt^2} + \dot{q}$$

$$\frac{\partial \hat{L}}{\partial q} = -mg + \dot{q}$$

となる。ラグランジュ方程式

$$\frac{d}{dt}\left(\frac{\partial \hat{L}}{\partial \dot{q}}\right) - \frac{\partial \hat{L}}{\partial q} = 0$$

に代入すれば

$$m\frac{d^2q}{dt^2} + \dot{q} - (-mg + \dot{q}) = 0$$

となって

$$m\frac{d^2q}{dt^2} = -mg$$

となり、L のかわりに $\hat{L}$ を使っても、まったく同じ運動方程式が得られるのである。

　この例のように、作用積分を最小化する関数 L は無数に存在することが知られている。つまり $\hat{L} = L + f$ としたとき、f が

$$\frac{d}{dt}\left(\frac{\partial f}{\partial \dot{q}}\right) - \frac{\partial f}{\partial q} = 0$$

を満足すれば $\hat{L}$ もラグランジアンとなりうるのである。
　たとえば $f = \dot{q}\,q$ の場合

$$\frac{\partial \hat{L}}{\partial \dot{q}} = \frac{\partial (L + \dot{q}q)}{\partial \dot{q}} = \frac{\partial L}{\partial \dot{q}} + q$$

$$\frac{\partial \hat{L}}{\partial q} = \frac{\partial (L + \dot{q}q)}{\partial q} = \frac{\partial L}{\partial q} + \dot{q}$$

であるから

$$\frac{d}{dt}\left(\frac{\partial \hat{L}}{\partial \dot{q}}\right) - \frac{\partial \hat{L}}{\partial q} = \frac{d}{dt}\left(\frac{\partial L}{\partial \dot{q}} + q\right) - \left(\frac{\partial L}{\partial q} + \dot{q}\right)$$

$$= \frac{d}{dt}\left(\frac{\partial L}{\partial \dot{q}}\right) - \frac{\partial L}{\partial q} + \dot{q} - \dot{q} = \frac{d}{dt}\left(\frac{\partial L}{\partial \dot{q}}\right) - \frac{\partial L}{\partial q}$$

となる。

　そして、この関係を満足する f は、なんと無数に存在する。よって、同じ運動方程式を与えるラグランジアンも無数に存在することになる。

演習 6-5　一般化座標 q を地面からの高さとした重力場のラグランジアン

$$L = T - U = \frac{1}{2}m\dot{q}^2 - mgq$$

において、$f = \dot{q}\exp(q)$ としたとき、$\hat{L} = L + f$ と変換したラグランジュ方程式からも同じ運動方程式が導出されることを確かめよ。

　解)　新たな関数は

$$\hat{L} = L + f = \frac{1}{2}m\dot{q}^2 - mgq + \dot{q}\exp(q)$$

となる。すると

$$\frac{\partial \hat{L}}{\partial \dot{q}} = m\dot{q} + \exp(q)$$

$$\frac{d}{dt}\left(\frac{\partial \hat{L}}{\partial \dot{q}}\right) = \frac{d}{dt}\{m\dot{q} + \exp(q)\} = m\frac{d\dot{q}}{dt} + \frac{dq}{dt}\exp(q) = m\frac{d^2q}{dt^2} + \dot{q}\exp(q)$$

$$\frac{\partial \hat{L}}{\partial q} = -mg + \dot{q}\exp(q)$$

となり、ラグランジュ方程式

$$\frac{d}{dt}\left(\frac{\partial \hat{L}}{\partial \dot{q}}\right) - \frac{\partial \hat{L}}{\partial q} = 0$$

に代入すれば

$$m\frac{d^2 q}{dt^2} + \dot{q}\exp(q) - \{-mg + \dot{q}\exp(q)\} = 0$$

となって

$$m\frac{d^2 q}{dt^2} = -mg$$

となり、L の場合とまったく同じ運動方程式が得られる。

　それでは、より具体的には f の条件はどうなるだろうか。実は、W を $q(t), p(t)$ に関する任意の関数とすると、f は

$$f = \frac{dW(q, p)}{dt}$$

によって与えられる。驚くべきことに、W は q, p の関数であれば何でもよいのである。とすれば、単純に、q のみの関数でもよいことになる。

　実際に、$f = \dot{q}q$ には

$$W = (1/2)\, q^2$$

という q のみの関数が対応する。t で微分すれば

$$\frac{dW}{dt} = \frac{d}{dt}\left(\frac{1}{2}q^2\right) = q\frac{dq}{dt} = q\,\dot{q}$$

となって、確かに f が得られる。

　つぎに、$f = \dot{q}\exp(q)$ の場合には

$$W = \exp(q)$$

が対応する。t に関して微分すれば

$$\frac{dW}{dt} = \frac{d}{dt}\exp(q) = \exp(q)\left(\frac{dq}{dt}\right) = \dot{q}\exp(q)$$

となり、確かに f が得られる。そして、この W のことを**母関数** (generating function) と呼んでいる。つまり

$$\hat{L} = L + \frac{dW}{dt}$$

によって、作用積分を最小にする新たな関数 $\hat{L}$ を生成することができるのである。

演習 6-6　母関数を $W = \sin q$ とする新たなラグランジアンを求め、同じラグランジュ方程式が得られることを示せ。

解）

$$\frac{dW}{dt} = \cos q \frac{dq}{dt} = \dot{q} \cos q$$

であり、もとのラグランジアンを L とおくと、求める関数は

$$\hat{L} = L + \frac{dW}{dt} = L + \dot{q} \cos q$$

となる。よって

$$\frac{\partial \hat{L}}{\partial \dot{q}} = \frac{\partial L}{\partial \dot{q}} + \cos q$$

$$\frac{d}{dt}\left(\frac{\partial \hat{L}}{\partial \dot{q}}\right) = \frac{d}{dt}\left(\frac{\partial L}{\partial \dot{q}}\right) + \frac{d}{dt}\cos q = \frac{d}{dt}\left(\frac{\partial L}{\partial \dot{q}}\right) + \frac{d\cos q}{dq}\frac{dq}{dt} = \frac{d}{dt}\left(\frac{\partial L}{\partial \dot{q}}\right) - \dot{q}\sin q$$

$$\frac{\partial \hat{L}}{\partial q} = \frac{\partial L}{\partial q} + \dot{q}\frac{d\cos q}{dq} = \frac{\partial L}{\partial q} - \dot{q}\sin q$$

から

$$\frac{d}{dt}\left(\frac{\partial \hat{L}}{\partial \dot{q}}\right) - \frac{\partial \hat{L}}{\partial q} = \frac{d}{dt}\left(\frac{\partial L}{\partial \dot{q}}\right) - \dot{q}\sin q - \left(\frac{\partial L}{\partial q} - \dot{q}\sin q\right) = \frac{d}{dt}\left(\frac{\partial L}{\partial \dot{q}}\right) - \frac{\partial L}{\partial q} = 0$$

となり同じラグランジュ方程式となる。

　以上のように、物理的な意味は別として、数学的には、作用積分を最小とする関数は無数につくることができるのである。ただし、基本は $L = T - U$ とすれば

よいので、実用上の問題はない。

　それでは、なぜ、これでうまくいくのであろうか。それは $\hat{L}=L+f$ としたとき

$$\delta \int_{t_1}^{t_2} \hat{L}\,dt = \delta \int_{t_1}^{t_2} (L+f)\,dt = \delta \int_{t_1}^{t_2} L\,dt + \delta \int_{t_1}^{t_2} f\,dt = \delta \int_{t_1}^{t_2} f\,dt$$

となるので

$$\delta \int_{t_1}^{t_2} f\,dt = 0$$

を満足すれば

$$\delta \int_{t_1}^{t_2} \hat{L}\,dt = 0$$

となって、$\hat{L}$ も作用積分の最小を与えるラグランジアンとなりうるからである。そして

$$f = \frac{dW(q,p)}{dt}$$

と置けば、必ず上記の条件を満足するのである。それを確かめてみよう。

$$\int_{t_1}^{t_2} f\,dt = \int_{t_1}^{t_2} \frac{dW(q,p)}{dt}\,dt = \int_{t_1}^{t_2} dW(q,p) = W\{q(t_2),p(t_2)\} - W\{q(t_1),p(t_1)\}$$

となるが、この右辺は、境界である $t=t_1,\ t=t_2$ の値のみで決まる定数であり、位相空間の経路、つまり関数 W のかたちには依存しない。

　したがって、常に

$$\delta \int_{t_1}^{t_2} \frac{dW(q,p)}{dt}\,dt = \delta \int_{t_1}^{t_2} f\,dt = 0$$

となり、$f=dW/dt$ をラグランジアン L に加えても、作用積分を最小にする条件は変化しない。また、f の符号は±で同じ結果を与えるので

$$\hat{L} = L \pm f = L \pm \frac{dW}{dt}$$

としてよいことになる。

6.6.　正準変換と母関数

　正準変換では、正準変数 (q, p) から (Q, P) への変換後も正準方程式の形式が維持される。いままでは、位相平面におけるトラジェクトリーの形状に注目して、楕円 → 円 → 直線などに対応した変数変換を見てきたが、実は、母関数 W をもとに、正準変換を生成することができるのである。それを示そう。

　まず、正準変数が (q, p) の系では、ハミルトニアン $H(p,q)$ とラグランジアン $L(q,\dot{q})$ の間には

$$H(q, p) = p\dot{q} - L(q,\dot{q})$$

という関係が成立する。これは、第 5 章で紹介したルジャンドル変換である。

　したがって

$$L(q,\dot{q}) = p\dot{q} - H(q, p)$$

となる。よって、最小作用の原理から

$$\delta \int_{t_1}^{t_2} L(q,\dot{q})\, dt = \delta \int_{t_1}^{t_2} \left\{ p\dot{q} - H(q, p) \right\} dt = 0$$

が成立する。

　ここで、(q, p) から (Q, P) への正準変換後も同様の関係が成立するので

$$\hat{H}(Q, P) = P\dot{Q} - \hat{L}(Q,\dot{Q})$$

という関係から

$$\hat{L}(Q,\dot{Q}) = P\dot{Q} - \hat{H}(Q, P)$$

と置くことも可能である。よって

$$\delta \int_{t_1}^{t_2} \hat{L}(Q,\dot{Q})\, dt = \delta \int_{t_1}^{t_2} \left\{ P\dot{Q} - \hat{H}(Q, P) \right\} dt = 0$$

という関係も成立する。

　つまり、L も $\hat{L}$ も同じ作用積分を最小化するラグランジアンである。よって、前節の結果から

$$\hat{L} = L \pm f = L \pm \frac{dW}{dt}$$

という関係が成立することになる。

ここで、母関数として

$$W(q,p,Q,P)$$

を考える。変数として Q, P が加わっているが、実際には独立変数は 2 個しかなく

$$P = P(q,p) \qquad Q = Q(q,p)$$

という関係にある。

　よって、母関数の変数としては、4 変数のうち、2 変数が入っていればよいので

$$W_1(q,Q), \quad W_2(q,P), \quad W_3(p,Q), \quad W_4(p,P)$$
$$W_5(q,p), \quad W_6(Q,P)$$

が採用できる。

　ただし、$W_5(q,p)$ と $W_6(Q,P)$ は母関数として一般には使用しない。たとえば、$W_5(q,p)$ の場合、母関数に変数変換の情報が直接とりやすいかたちで入っていないからである。つまり、W_5 を操作しても Q, P は簡単には得られず、$P = P(q,p)$ などの情報が必要となる。$W_6(Q,P)$ も同様である。

　それでは、母関数を使った正準変換の基本原理を見ていこう。まず、最小作用の原理から

$$\delta \int_{t_1}^{t_2} L(q,\dot{q})\, dt = \delta \int_{t_1}^{t_2} \left\{ p\dot{q} - H(q,p) \right\} dt = 0$$

$$\delta \int_{t_1}^{t_2} \hat{L}(Q,\dot{Q})\, dt = \delta \int_{t_1}^{t_2} \left\{ P\dot{Q} - \hat{H}(Q,P) \right\} dt = 0$$

という関係にある。ここで、適当な母関数 W をとれば

$$\hat{L} = L \pm f = L \pm \frac{dW}{dt}$$

であったので

$$p\dot{q} - H(q,p) \pm \frac{dW}{dt} = P\dot{Q} - \hat{H}(Q,P)$$

という関係が成立する。dW/dt の前の符号は $\pm$ どちらでも構わないが、これ以降の展開では負を採用する。

　ここで、具体的に母関数を考えてみる。たとえば、$W_1(q,Q)$ のように、独立変数を q, Q とする母関数を考えてみよう。このとき、p, P は

$$p = p\,(q, Q) \qquad P = P\,(q, Q)$$

となる。すると

$$\delta \int_{t_1}^{t_2} \left\{ p\,\dot{q} - H(q,p) - \frac{dW_1(q,Q)}{dt} \right\} dt = \delta \int_{t_1}^{t_2} \left\{ P\dot{Q} - \hat{H}(Q,P) \right\} dt = 0$$

という等式が成立する。q, Q が独立変数ということを明示すれば

$$\delta \int_{t_1}^{t_2} \left\{ p(q,Q)\dot{q} - H(q,p(q,Q)) - \frac{dW_1(q,Q)}{dt} \right\} dt = \delta \int_{t_1}^{t_2} \left[P(q,Q)\dot{Q} - \hat{H}(Q,P(q,Q)) \right] dt = 0$$

となる。ただし、正式には

$$q = q\,(t) \qquad Q = Q\,(t)$$

のように、q, Q は t の関数である。

　ここでは、簡易的な表現を採用する。被積分項をまとめると

$$\delta \int_{t_1}^{t_2} \left[\left\{ p\dot{q} - H(q,p) - \frac{dW_1(q,Q)}{dt} \right\} - \left\{ P\dot{Q} - \hat{H}(Q,P) \right\} \right] dt = 0$$

のようなひとつの式となる。

　ここで、$W_1\,(q, Q)$ の全微分は

$$dW_1(q,Q) = \frac{\partial W_1}{\partial q} dq + \frac{\partial W_1}{\partial Q} dQ$$

であるから

$$\frac{dW_1(q,Q)}{dt} = \frac{\partial W_1}{\partial q}\frac{dq}{dt} + \frac{\partial W_1}{\partial Q}\frac{dQ}{dt} = \dot{q}\frac{\partial W_1}{\partial q} + \dot{Q}\frac{\partial W_1}{\partial Q}$$

となる。上記の変分の式に代入して整理すると

$$\delta \int_{t_1}^{t_2} \left\{ \left(p - \frac{\partial W_1}{\partial q} \right)\dot{q} - \left(P + \frac{\partial W_1}{\partial Q} \right)\dot{Q} - H(q,p) + \hat{H}(Q,P) \right\} dt = 0$$

となる。

　いまは、ハミルトニアンが正準変換によって変化しない場合を考えると

$$H(q,p) = \hat{H}(Q,P)$$

となるから、上記の式が成立するためには

$$p = \frac{\partial W_1}{dq} \qquad P = -\frac{\partial W_1}{dQ}$$

という条件が課せられる。これら 2 式から (q, p) と (Q, P) の対応関係が得られることになる。つまり、母関数が決まれば、それに対応した正準変換が決まることになる。具体例で、それを確かめてみよう。

演習 6-7　関数　$W_1(q,Q) = (1/2)q^2 \cot Q$ を考える。この母関数によって生成する正準変換を求めよ。

　解）　　変数が満足すべき条件から

$$p = \frac{\partial W_1}{\partial q} = \frac{\partial}{\partial q}\left(\frac{1}{2}q^2 \cot Q\right) = q \cot Q$$

が得られる。つぎに

$$P = -\frac{\partial W_1}{\partial Q} = -\frac{\partial}{\partial Q}\left(\frac{1}{2}q^2 \cot Q\right) = -\frac{1}{2}q^2\frac{d}{dQ}(\cot Q) = -\frac{1}{2}q^2\frac{d}{dQ}\left(\frac{\cos Q}{\sin Q}\right)$$

$$= -\frac{1}{2}q^2\frac{(\cos Q)'\sin Q - \cos Q(\sin Q)'}{\sin^2 Q} = \frac{q^2}{2\sin^2 Q}$$

となる。したがって

$$q^2 = 2P\sin^2 Q$$

から

$$q = \pm\sqrt{2P}\sin Q$$

となる。

　ここでは正の値を採用して

$$q = \sqrt{2P}\sin Q$$

としよう。

　また、先ほどの $p = q \cot Q$ という関係から

$$p = q \cot Q = q\frac{\cos Q}{\sin Q} = \sqrt{2P}\sin Q\frac{\cos Q}{\sin Q} = \sqrt{2P}\cos Q$$

となる。

　したがって、母関数 W_1 による正準変換は

$$\begin{cases} p = \sqrt{2P}\cos Q \\ q = \sqrt{2P}\sin Q \end{cases}$$

となる。

この変換は、実は、演習 6-4 で行った直交座標から極座標への変換に対応しており、**ポアンカレ変換** (Poincaré transformation) と呼ばれている。

また

$$q = -\sqrt{2P}\sin Q$$

を選べば

$$p = -\sqrt{2P}\cos Q$$

となる。

つぎに、母関数として、p, Q を独立変数とした $W_3 = W_3(p, Q)$ の場合の関係を導出してみよう。このとき、$q = q(p, Q),\ P = P(p, Q)$ となる。まず

$$\delta \int_{t_1}^{t_2} \left[\left\{ p\dot{q} - H(q, p) - \frac{dW_3(p, Q)}{dt} \right\} - \left\{ P\dot{Q} - \hat{H}(Q, P) \right\} \right] dt = 0$$

という式が成立する。$W_3(p, Q)$ の全微分

$$dW_3(p, Q) = \frac{\partial W_3}{\partial p} dp + \frac{\partial W_3}{\partial Q} dQ$$

から

$$\frac{dW_3}{dt} = \frac{\partial W_3}{\partial p}\frac{dp}{dt} + \frac{\partial W_3}{\partial Q}\frac{dQ}{dt} = \frac{\partial W_3}{\partial p}\dot{p} + \frac{\partial W_3}{\partial Q}\dot{Q}$$

となる。

しかし、ここで問題が生じる。上記の変分の式では $p\dot{q}$ という項がある一方、dW_3/dt の式には $\dot{p}$ の項しかないので、$\dot{q}$ を使って項を括りだすことができない。よって、このままでは、W_1 で利用した手法が使えないのである。

そこで $p\dot{q}$ の項を変形し、$\dot{p}$ の項が得られるような工夫をする。ここでは

$$\frac{d(pq)}{dt} = \frac{dp}{dt}q + p\frac{dq}{dt} = \dot{p}q + p\dot{q}$$

という関係を使う。すると

$$p\dot{q} = \frac{d(pq)}{dt} - \dot{p}q$$

となるので

$$p\dot{q} - H(q,p) = \frac{d(pq)}{dt} - \dot{p}q - H(p,q)$$

となる。

　よって、変分の式は

$$\delta \int_{t_1}^{t_2} \left[\left\{ p\dot{q} - H(q,p) - \frac{dW_3(p,Q)}{dt} \right\} - \left\{ P\dot{Q} - \hat{H}(Q,P) \right\} \right] dt$$

$$= \delta \int_{t_1}^{t_2} \left[\left\{ -\dot{p}q - H(q,p) + \frac{d(pq)}{dt} - \frac{dW_3(p,Q)}{dt} \right\} - \left\{ P\dot{Q} - \hat{H}(Q,P) \right\} \right] dt = 0$$

と変形できる。

$$\frac{dW_3}{dt} = \frac{\partial W_3}{\partial p}\dot{p} + \frac{\partial W_3}{\partial Q}\dot{Q}$$

であったので

$$\delta \int_{t_1}^{t_2} \left\{ -\dot{p}\left(q + \frac{\partial W_3}{\partial p} \right) - \dot{Q}\left(P + \frac{\partial W_3}{\partial Q} \right) - H(q,p) + \hat{H}(Q,P) + \frac{d}{dt}(pq) \right\} dt = 0$$

となる。ここで

$$\int_{t_1}^{t_2} \frac{d}{dt}(pq)\, dt = \int_{t_1}^{t_2} d(pq) = p(t_2)q(t_2) - p(t_1)q(t_1)$$

であり、右辺は定数となる。よって

$$\delta \int_{t_1}^{t_2} \frac{d}{dt}(pq)\, dt = 0$$

となり、結局

$$q = -\frac{\partial W_3}{\partial p} \qquad\qquad P = -\frac{\partial W_3}{\partial Q}$$

という関係式が得られことになる。

　実は、補遺 5-1 で紹介したルジャンドル変換を利用すると、母関数 $W_1(q,Q)$ から $W_3(p,Q)$ を導出することができる。

コラム　ルジャンドル変換を簡単に復習してみよう。2 変数関数 $f(x, y)$ の全微分は

$$df(x,y) = \frac{\partial f(x,y)}{\partial x}dx + \frac{\partial f(x,y)}{\partial y}dy \quad あるいは \quad df = f_x dx + f_y dy$$

となる。ここで、f の独立変数 x のかわりに、偏微分係数 f_x を変数とする関数をつくりたいものとしよう。このとき、新たな関数 $g(f_x, y)$ を

$$g(f_x, y) = f(x, y) - f_x x$$

と置く。これが変数変換 $x \to f_x$ に対応したルジャンドル変換である。

　ここで、変数 p は $p = \partial W_1 / \partial q$ のように、関数 W_1 の q に関する偏微分係数であるから、$f(x, y)$ を $W_1(q, Q)$ に、$g(f_x, y)$ を $W_3(p, Q)$ に対応させる。すると、ルジャンドル変換は

$$W_3\left(\frac{\partial W_1}{\partial q}, Q\right) = W_1(q, Q) - \frac{\partial W_1}{\partial q}q$$

となる。$\partial W_1 / \partial q = p$ であるから

$$W_3(p, Q) = W_1(q, Q) - pq$$

となる。このとき、独立変数は (q, Q) から (p, Q) へと変化するので、この式は、$q \to p$ のルジャンドル変換となる。

演習 6-8　$W_3(p, Q) = W_1(q, Q) - pq$ のとき

$$q = -\frac{\partial W_3}{\partial p} \qquad P = -\frac{\partial W_3}{\partial Q}$$

となることを確かめよ。

解）

$$W_3(p, Q) = W_1(q, Q) - pq$$

の両辺を t に関して微分すると

$$\frac{dW_3(p,Q)}{dt} = \frac{dW_1(q,Q)}{dt} - \frac{d(pq)}{dt} = \frac{dW_1(q,Q)}{dt} - \left(\frac{dp}{dt}q + p\frac{dq}{dt}\right)$$

$$= \frac{dW_1(q,Q)}{dt} - (\dot{p}q + p\dot{q})$$

ここで

$$\frac{dW_1(q,Q)}{dt} = \frac{\partial W_1}{\partial q}\dot{q} + \frac{\partial W_1}{\partial Q}\dot{Q}$$

であり

$$p = \frac{\partial W_1}{\partial q} \qquad P = -\frac{\partial W_1}{\partial Q}$$

であったから、右辺は

$$\frac{dW_1(q,Q)}{dt} - (\dot{p}q + p\dot{q}) = (p\dot{q} - P\dot{Q}) - (\dot{p}q + p\dot{q}) = -P\dot{Q} - \dot{p}q$$

となる。よって

$$\frac{dW_3(p,Q)}{dt} = -P\dot{Q} - \dot{p}q$$

となる。さらに

$$\frac{dW_3}{dt} = \frac{\partial W_3}{\partial p}\dot{p} + \frac{\partial W_3}{\partial Q}\dot{Q}$$

であるから、$\dot{p}, \dot{Q}$ の係数を比較すると

$$q = -\frac{\partial W_3}{\partial p} \qquad P = -\frac{\partial W_3}{\partial Q}$$

という関係が得られる。

　その他の母関数も、ルジャンドル変換によって導出可能である。たとえば、独立変数が q, P の母関数である $W_2(q,P)$ の場合には、$W_1(q,Q)$ からの $Q \to P$ のルジャンドル変換となり

$$W_2(q,P) = W_1(q,Q) + PQ$$

と置くことができる。このとき $P = -\partial W_1/\partial Q$ という関係にあるので、PQ の前の符号は＋となる。

　左辺を t で微分すると

$$\frac{dW_2}{dt} = \frac{\partial W_2}{\partial q}\dot{q} + \frac{\partial W_2}{\partial P}\dot{P}$$

となる。一方

$$\frac{dW_1(q,Q)}{dt}=\frac{\partial W_1}{\partial q}\dot{q}+\frac{\partial W_1}{\partial Q}\dot{Q}$$

から、右辺の t に関する微分は

$$\frac{d}{dt}(W_1+PQ)=\frac{\partial W_1}{\partial q}\dot{q}+\frac{\partial W_1}{\partial Q}\dot{Q}+P\dot{Q}+\dot{P}Q$$

となる。ここで、$\dfrac{\partial W_1}{\partial q}=p,\dfrac{\partial W_1}{\partial Q}=-P$ であるから

$$\frac{d}{dt}(W_1+PQ)=p\dot{q}-P\dot{Q}+P\dot{Q}+\dot{P}Q=p\dot{q}+\dot{P}Q$$

となる。

　両辺の $\dot{q},\dot{P}$ の係数の対応から

$$p=\frac{\partial W_2}{\partial q}\qquad Q=\frac{\partial W_2}{dP}$$

という関係が得られる。これが、母関数 $W_2(q,P)$ に対応した正準変換である。

　つぎに、独立変数が p,P の母関数である $W_4(p,P)$ の場合には、$W_1(q,Q)$ に対する $q\to p,\ Q\to P$ のルジャンドル変換となる。よって

$$W_4(p,P)=W_1(q,Q)-pq+PQ$$

と与えられる。

演習 6-9　$W_4(p,P)=W_1(q,Q)-pq+PQ$ をもとに

$$q=-\frac{\partial W_4}{\partial p}\qquad Q=\frac{\partial W_4}{dP}$$

を導出せよ。

　解)　変換式の左辺を t で微分すると

$$\frac{dW_4}{dt}=\frac{\partial W_4}{\partial p}\dot{p}+\frac{\partial W_4}{\partial P}\dot{P}$$

となる。一方、右辺は

$$\frac{d}{dt}(W_1 - pq + PQ) = \frac{dW_1}{dt} - p\dot{q} - \dot{p}q + P\dot{Q} + \dot{P}Q$$

$$= \frac{\partial W_1}{\partial q}\dot{q} + \frac{\partial W_1}{\partial Q}\dot{Q} - p\dot{q} - \dot{p}q + P\dot{Q} + \dot{P}Q$$

となる。ここで、W_1 に対応した正準変換は

$$p = \frac{\partial W_1}{\partial q} \qquad P = -\frac{\partial W_1}{\partial Q}$$

であるから

$$\frac{d}{dt}(W_1 - pq + PQ) = (p\dot{q} - P\dot{Q}) - p\dot{q} - \dot{p}q + P\dot{Q} + \dot{P}Q = -\dot{p}q + \dot{P}Q$$

となる。両辺の $\dot{q}, \dot{P}$ の係数の比較から

$$q = -\frac{\partial W_4}{\partial p} \qquad Q = \frac{\partial W_4}{dP}$$

という関係が得られる。

以上をまとめると、表 6-1 のような母関数と正準変換の関係が得られる。

表 6-1　母関数と正準変換の関係

$W_1(q,Q)$	$p = \dfrac{\partial W_1}{dq}$	$P = -\dfrac{\partial W_1}{dQ}$
$W_2(q,P)$	$p = \dfrac{\partial W_2}{\partial q}$	$Q = \dfrac{\partial W_2}{dP}$
$W_3(p,Q)$	$q = -\dfrac{\partial W_3}{\partial p}$	$P = -\dfrac{\partial W_3}{\partial Q}$
$W_4(p,P)$	$q = -\dfrac{\partial W_4}{\partial p}$	$Q = \dfrac{\partial W_4}{dP}$

もちろん、ルジャンドル変換を用いると、W_1 以外の母関数から、他の母関数を導出することも可能である。

演習 6-10　　$W_4(p,P) = W_3(p,Q) + PQ$ というルジャンドル変換により W_3 から W_4 が得られる。このとき、母関数 W_4 に対応した正準変換を導出せよ。

解）　　左辺を t で微分すると

$$\frac{dW_4}{dt} = \frac{\partial W_4}{\partial p}\dot{p} + \frac{\partial W_4}{\partial P}\dot{P}$$

となり、右辺は

$$\frac{d}{dt}(W_3 + PQ) = \frac{\partial W_3}{\partial p}\dot{p} + \frac{\partial W_3}{\partial Q}\dot{Q} + P\dot{Q} + \dot{P}Q$$

となるが、W_3 に対応した正準変換は

$$q = -\frac{\partial W_3}{\partial p} \qquad P = -\frac{\partial W_3}{\partial Q}$$

であるから

$$\frac{d}{dt}(W_3 + PQ) = -q\dot{p} - P\dot{Q} + P\dot{Q} + \dot{P}Q = -q\dot{p} + \dot{P}Q$$

となる。ここで、両辺の $\dot{p}, \dot{P}$ の係数を比較すると

$$q = -\frac{\partial W_4}{\partial p} \qquad Q = \frac{\partial W_4}{dP}$$

という、W_4 に対応した正準変換関係が得られる。

　もちろん、この結果は、表 6-1 と整合性がとれている。他の母関数の組合せについても同様にルジャンドル変換が可能である。

　ところで、母関数は無限に存在するが、正準変換への応用を考えたとき、有用な母関数は限られている。たとえば、演習 6-7 で紹介した

$$W_1(q,Q) = (1/2)q^2 \cot Q$$

はポアンカレ変換の母関数と呼ばれ、直交座標から極座標への正準変換に対応している。それでは、その他の有用な正準変換について具体例で見ていこう。

演習 6-11　母関数 $W_3(p,Q) = -p(Q+a)$ によって生成する正準変換を求めよ。ただし、a は定数とする。

解)　$q = -\dfrac{\partial W_3}{\partial p}$, $P = -\dfrac{\partial W_3}{\partial Q}$ を使う。すると

$$q = -\frac{\partial W_3}{\partial p} = Q + a \qquad\qquad P = p$$

となり

$$\begin{cases} P = p \\ Q = q - a \end{cases}$$

という正準変換となる。

　　これは、位置が平行移動するだけの**並進移動** (translational movement) に対応した変換である。

　　直交座標の x, y, z を一般化座標として自由度 3 の並進移動に対応した母関数は

$$W_3(p_x, p_y, p_z, X, Y, Z) = -p_x(X+a) - p_y(Y+b) - p_z(Z+c)$$

となる。

演習 6-12　母関数 $W_2(q,P) = qP$ によって生成する正準変換を求めよ。

解)

$$p = \frac{\partial W_2}{\partial q} = P \qquad\qquad Q = \frac{\partial W_2}{\partial P} = q$$

となるので

$$\begin{cases} P = p \\ Q = q \end{cases}$$

となる。

　　これは何も変えない変数変換である。このため、**恒等変換** (identical

transformation) と呼ばれている。

　自由度 3 の場合、つまり 3 次元空間での運動における恒等変換の母関数は、直交座標 (x, y, z) を一般化座標とすれば

$$W(x, y, z, P_X, P_Y, P_Z) = xP_X + yP_Y + zP_Z$$

と与えられる。

6.7.　無限小変換

　母関数が $W(q, P) = qP$ に対応した正準変換は

$$p = \frac{\partial W}{\partial q} = P \qquad Q = \frac{\partial W}{\partial P} = q$$

となる。これは、1 次元の運動（自由度 1 の運動）に対応した恒等変換である。これをもとに、p および q の値をわずかだけ変化させる変換を考えてみよう。すると

$$P = p + \delta p \qquad Q = q + \delta q$$

という変換となる。

　このような変換を**無限小変換** (infinitesimal transformation) と呼んでいる。正準変換の一種として無限小正準変換と呼ぶこともある。

　この変換の母関数 W' は、恒等変換の母関数 $W = qP$ をわずかに変化させたものと考えられる。そこで、母関数 W をもとに

$$W' = W + \delta W = qP + \delta W$$

と置くことにしよう。

　ここで、少し工夫をしてみよう。ある母関数 $G(q, P)$ を考え、ε を微小量として

$$\delta W(q, P) = \varepsilon G(q, P)$$

と置くのである。

　つまり、$G(q, P)$ は通常の母関数であり、微小変化分は ε が担うという考えである。微小変化といっても、並進や回転などのいろいろな変化が考えられるが、この変化は母関数 $G(q, P)$ が担い、微小変位は ε の項が担うという工夫である。すると、無限小変換は

$$W'(q, P) = W(q, P) + \delta W(q, P) = qP + \varepsilon G(q, P)$$

と置くことができる。

　この母関数に対応した正準変換は

$$p = \frac{\partial W'}{\partial q} = P + \varepsilon \frac{\partial G(q,P)}{\partial q}$$

$$Q = \frac{\partial W'}{\partial P} = q + \varepsilon \frac{\partial G(q,P)}{\partial P}$$

となる。

$$P = p + \delta p \qquad\qquad Q = q + \delta q$$

であったので

$$\delta p = -\varepsilon \frac{\partial G(q,P)}{\partial q} \qquad\qquad \delta q = \varepsilon \frac{\partial G(q,P)}{\partial P}$$

となる。

演習 6-13　　$G(q,P) = P$ に対応した無限小変換を求めよ。

　解）　　母関数は

$$W'(q,P) = qP + \varepsilon G(q,P) = qP + \varepsilon P$$

となる。したがって

$$p = \frac{\partial W'}{\partial q} = P \qquad\qquad Q = \frac{\partial W'}{\partial P} = q + \varepsilon$$

となる。

　これは、位置をわずかに ε だけ移動する並進運動に対応した無限小変換となる。

　つまり、空間並進の無限小変換に対応した母関数は運動量 P となるのである。

　つぎに、2次元平面での回転に関する無限小変換を考えてみよう。これは自由度2の変換となる。まず、直交座標 x, y を θ だけ回転した新たな座標を X, Y としよう。すると

$$\begin{pmatrix} X \\ Y \end{pmatrix} = \begin{pmatrix} \cos\theta & -\sin\theta \\ \sin\theta & \cos\theta \end{pmatrix} \begin{pmatrix} x \\ y \end{pmatrix} = \begin{pmatrix} x\cos\theta - y\sin\theta \\ x\sin\theta + y\cos\theta \end{pmatrix}$$

という関係が得られる。

ここで、θ が無限小の ε とすると

$$X = x\cos\varepsilon - y\sin\varepsilon \qquad Y = x\sin\varepsilon + y\cos\varepsilon$$

となる。ε が無限小とすると

$$\cos\varepsilon \cong \cos 0 = 1 \qquad \sin\varepsilon \cong \varepsilon$$

となるので、回転に対応した無限小変換は

$$\begin{pmatrix} X \\ Y \end{pmatrix} = \begin{pmatrix} \cos\varepsilon & -\sin\varepsilon \\ \sin\varepsilon & \cos\varepsilon \end{pmatrix}\begin{pmatrix} x \\ y \end{pmatrix} = \begin{pmatrix} 1 & -\varepsilon \\ \varepsilon & 1 \end{pmatrix}\begin{pmatrix} x \\ y \end{pmatrix} = \begin{pmatrix} x - \varepsilon y \\ \varepsilon x + y \end{pmatrix}$$

となり、(X, Y) と (x, y) の対応は

$$X = x - \varepsilon y \qquad Y = y + \varepsilon x$$

となる。ここで

$$X = x + \delta x \qquad Y = y + \delta y$$

であるから、位置に関する無限小変換に対応した δx と δy は

$$\delta x = -\varepsilon y \qquad \delta y = \varepsilon x$$

となる。

演習 6-14　2 次元平面における回転に対応した運動量 p に関する無限小変換 δp を導出せよ。

解)　自由度 1 では、$P = p + \delta p$ より

$$\delta p = P - p = m\frac{dQ}{dt} - m\frac{dq}{dt} = m\left(\frac{dQ}{dt} - \frac{dq}{dt}\right)$$

となる。これを自由度 2 に拡張する。

2 次元平面における回転の運動であるから、p_x と p_y を考える。すると x 方向では

$$\delta p_x = m\left(\frac{dX}{dt} - \frac{dx}{dt}\right) = m\frac{d}{dt}(X - x)$$

となる。回転の際の、位置の微小変位は $X - x = -\varepsilon y$ となるので、上式に代入すると

$$\delta p_x = m\frac{d}{dt}(X - x) = -\varepsilon m\frac{dy}{dt} = -\varepsilon p_y$$

となる。同様にして、y 方向では

$$\delta p_y = m\left(\frac{dY}{dt} - \frac{dy}{dt}\right) = m\frac{d}{dt}(Y - y) = \varepsilon m\frac{dx}{dt} = \varepsilon p_x$$

となる。

ところで、1 次元の場合の無限小変換の母関数との対応は

$$\delta p = -\varepsilon\frac{\partial G(q,P)}{\partial q} \qquad \delta q = \varepsilon\frac{\partial G(q,P)}{\partial P}$$

であったが、変化は小さいので、$P = p + \delta p \cong p$ とみなせば

$$\delta p = -\varepsilon\frac{\partial G(q,p)}{\partial q} \qquad \delta q = \varepsilon\frac{\partial G(q,p)}{\partial p}$$

と置くことができる。

ここで、あらためて、2 次元平面の回転における母関数と変位の対応関係を見てみよう。まず、自由度が 2 となるので母関数は

$$G = G(x, y, p_x, p_y)$$

のように、4 変数の関数となる。

回転の微小変位は

$$\delta x = -\varepsilon y \qquad \delta y = \varepsilon x \qquad \delta p_x = -\varepsilon p_y \qquad \delta p_y = \varepsilon p_x$$

となる。ここで

$$\delta x = \varepsilon\frac{\partial G(x, y, p_x, p_y)}{\partial p_x} = -\varepsilon y \qquad \delta y = \varepsilon\frac{\partial G(x, y, p_x, p_y)}{\partial p_y} = \varepsilon x$$

$$\delta p_x = -\varepsilon\frac{\partial G(x, y, p_x, p_y)}{\partial x} = -\varepsilon p_y \qquad \delta p_y = -\varepsilon\frac{\partial G(x, y, p_x, p_y)}{\partial y} = \varepsilon p_x$$

という対応関係にあるから

$$\frac{\partial G(x, y, p_x, p_y)}{\partial p_y} = x \qquad \frac{\partial G(x, y, p_x, p_y)}{\partial p_x} = -y$$

$$\frac{\partial G(x, y, p_x, p_y)}{\partial x} = p_y \qquad \frac{\partial G(x, y, p_x, p_y)}{\partial y} = -p_x$$

となる。

以上の関係から母関数は

$$G(x, y, p_x, p_y) = xp_y - yp_x$$

と与えられる。

　実は、この右辺は角運動量の z 成分に相当する。つまり、回転に対応した無限小変換の母関数は角運動量となるのである。

6. 8.　リウビルの定理

　2 次元の直交座標 (x, y) から極座標 (r, θ) への変換を考えてみよう。対応関係は

$$x(r, \theta) = r \cos \theta \qquad y(r, \theta) = r \sin \theta$$

となる。この全微分は

$$dx(r, \theta) = \frac{\partial x}{\partial r} dr + \frac{\partial x}{\partial \theta} d\theta = dr \cos \theta - r \sin \theta \, d\theta$$

$$dy(r, \theta) = \frac{\partial y}{\partial r} dr + \frac{\partial y}{\partial \theta} d\theta = dr \sin \theta + r \cos \theta \, d\theta$$

となり、行列を使うと

$$\begin{pmatrix} dx \\ dy \end{pmatrix} = \begin{pmatrix} \cos \theta & -r \sin \theta \\ \sin \theta & r \cos \theta \end{pmatrix} \begin{pmatrix} dr \\ d\theta \end{pmatrix}$$

と表記できる。

　ここで、この変換行列に対応した行列式を計算してみよう。すると

$$\begin{vmatrix} \cos \theta & -r \sin \theta \\ \sin \theta & r \cos \theta \end{vmatrix} = r \cos^2 \theta + r \sin^2 \theta = r$$

となる。

　この行列式を**ヤコビ行列式** (Jacobian determinant) あるいは、**ヤコビアン** (Jacobian) と呼んでいる。

　ここで、dx および dy は

$$\begin{pmatrix} dx \\ dy \end{pmatrix} = \begin{pmatrix} \partial x/\partial r & \partial x/\partial \theta \\ \partial y/\partial r & \partial y/\partial \theta \end{pmatrix} \begin{pmatrix} dr \\ d\theta \end{pmatrix}$$

という関係にある。

　実は、ヤコビアンは $dx \, dy$ と $dr \, d\theta$ の面積比に対応し

$$\begin{vmatrix} \partial x/\partial r & \partial x/\partial \theta \\ \partial y/\partial r & \partial y/\partial \theta \end{vmatrix} = \begin{vmatrix} \cos \theta & -r \sin \theta \\ \sin \theta & r \cos \theta \end{vmatrix} = r$$

から

$$dx\,dy = \begin{vmatrix} \partial x/\partial r & \partial x/\partial \theta \\ \partial y/\partial r & \partial y/\partial \theta \end{vmatrix} dr\,d\theta = r\,dr\,d\theta$$

となる。あるいは

$$\iint dx\,dy = \iint r\,dr\,d\theta$$

という関係にあると考えてよい。つまり、直交座標における面積要素 $dx\,dy$ に等価なものは、極座標では、$dr\,d\theta$ を r 倍したものなのである。

この考えを正準変換の $(q,p) \rightarrow (Q,P)$ にあてはめてみよう。すると

$$\begin{pmatrix} dQ \\ dP \end{pmatrix} = \begin{pmatrix} \partial Q/\partial q & \partial Q/\partial p \\ \partial P/\partial q & \partial P/\partial p \end{pmatrix} \begin{pmatrix} dq \\ dp \end{pmatrix}$$

となり、ヤコビアンは

$$\begin{vmatrix} \partial Q/\partial q & \partial Q/\partial p \\ \partial P/\partial q & \partial P/\partial p \end{vmatrix} = \frac{\partial Q}{\partial q}\frac{\partial P}{\partial p} - \frac{\partial Q}{\partial p}\frac{\partial P}{\partial q}$$

となる。

演習 6-15　1 次元の運動（自由度 1 の運動）における無限小変換に対応するヤコビアンを計算せよ。

解）　無限小変換は

$$\delta q = Q - q = \varepsilon \frac{\partial G(q,p)}{\partial p} \qquad\qquad \delta p = P - p = -\varepsilon \frac{\partial G(q,p)}{\partial q}$$

であった。したがって

$$Q = q + \varepsilon \frac{\partial G(q,p)}{\partial p} \qquad\qquad P = p - \varepsilon \frac{\partial G(q,p)}{\partial q}$$

から

$$\frac{\partial Q}{\partial q} = \frac{\partial}{\partial q}\left(q + \varepsilon \frac{\partial G(q,p)}{\partial p} \right) = 1 + \varepsilon \frac{\partial}{\partial q}\left(\frac{\partial G(q,p)}{\partial p} \right) = 1 + \varepsilon \frac{\partial^2 G(q,p)}{\partial q \partial p}$$

$$\frac{\partial Q}{\partial p} = \frac{\partial}{\partial p}\left(q + \varepsilon \frac{\partial G(q,p)}{\partial p} \right) = \quad \varepsilon \frac{\partial}{\partial p}\left(\frac{\partial G(q,p)}{\partial p} \right) = \quad \varepsilon \frac{\partial^2 G(q,p)}{\partial p^2}$$

$$\frac{\partial P}{\partial q} = \frac{\partial}{\partial q}\left(p - \varepsilon\frac{\partial G(q,p)}{\partial q}\right) = -\varepsilon\frac{\partial}{\partial q}\left(\frac{\partial G(q,p)}{\partial q}\right) = -\varepsilon\frac{\partial^2 G(q,p)}{\partial q^2}$$

$$\frac{\partial P}{\partial p} = \frac{\partial}{\partial p}\left(p - \varepsilon\frac{\partial G(q,p)}{\partial q}\right) = 1 - \varepsilon\frac{\partial}{\partial p}\left(\frac{\partial G(q,p)}{\partial q}\right) = 1 - \varepsilon\frac{\partial^2 G(q,p)}{\partial p\partial q}$$

となるので、ヤコビアンは

$$\begin{vmatrix} \partial Q/\partial q & \partial Q/\partial p \\ \partial P/\partial q & \partial P/\partial p \end{vmatrix} = \frac{\partial Q}{\partial q}\frac{\partial P}{\partial p} \quad \frac{\partial Q}{\partial p}\frac{\partial P}{\partial q}$$

$$= \left(1 + \varepsilon\frac{\partial^2 G(q,p)}{\partial q\partial p}\right)\left(1 - \varepsilon\frac{\partial^2 G(q,p)}{\partial p\partial q}\right) + \varepsilon^2\frac{\partial^2 G(q,p)}{\partial p^2}\frac{\partial^2 G(q,p)}{\partial q^2}$$

ここで、2 変数関数 $G(q,p)$ の 2 階偏導関数が連続であれば

$$\frac{\partial^2 G(q,p)}{\partial q\partial p} = \frac{\partial^2 G(q,p)}{\partial p\partial q}$$

のように、偏微分の順序が交換可能であるので

$$\begin{vmatrix} \partial Q/\partial q & \partial Q/\partial p \\ \partial P/\partial q & \partial P/\partial p \end{vmatrix} = 1 - \varepsilon^2\left(\frac{\partial G^2(q,p)}{\partial q\partial p}\right)^2 + \varepsilon^2\frac{\partial G^2(q,p)}{\partial q^2}\frac{\partial G^2(q,p)}{\partial p^2}$$

となる。

　ここで、この結果を見ると、後ろの 2 項は、微小変位 ε の 2 次の項を有しているので、これら項は 0 とみなせる。結局、無限小変換のヤコビアンは

$$\begin{vmatrix} \partial Q/\partial q & \partial Q/\partial p \\ \partial P/\partial q & \partial P/\partial p \end{vmatrix} = 1$$

となる。つまり

$$dq\,dp = dQ\,dP$$

となるのである。

　すべての正準変換は、無限小正準変換の積み重ねとみなせるから、この関係は、一般の正準変換にも適用できる。つまり q–p 平面の面積要素は、正準変換によってかたちは変わっても、面積は変化しないということになる。あるいは、面積が保存されると言うこともできる。

　これを、一般の位相空間に拡張すると、位相空間の体積要素は、正準変換によって、かたちは変わっても、体積は変化しないということになる。これを**リウビルの定理** (Liouville's theorem) と呼んでいる。

補遺 6-1　母関数の時間変化

　本文では、母関数を
$$W = W(q, p)$$
と置いている。この場合、W の時間変化は
$$W = W(q(t), p(t))$$
のように、変数 q と p が担っており、母関数 W には時間 t が変数として陽には入っていなかった。このとき、W の時間 t に関する微分は
$$\frac{dW}{dt} = \frac{dW(q, p)}{dt} = \frac{\partial W}{\partial q}\frac{dq}{dt} + \frac{\partial W}{\partial p}\frac{dp}{dt}$$
と与えられる。

　実は、母関数に t が変数として陽に入る場合もある。このとき、母関数は
$$W = W(q, p, t)$$
となるが、正準変換への影響はどうなるのであろうか。ここでは、正準変換の母関数として
$$W = W(q, Q, t)$$
を考える。すると、全微分は
$$dW(q, Q, t) = \frac{\partial W}{\partial q}dq + \frac{\partial W}{\partial Q}dQ + \frac{\partial W}{\partial t}dt$$
となる。よって
$$\frac{dW}{dt} = \frac{\partial W}{\partial q}\frac{dq}{dt} + \frac{\partial W}{\partial Q}\frac{dQ}{dt} + \frac{\partial W}{\partial t} = \dot{q}\frac{\partial W}{\partial q} + \dot{Q}\frac{\partial W}{\partial Q} + \frac{\partial W}{\partial t}$$
となる。ここで (q, p) から (Q, P) への正準変換において
$$p\dot{q} - H(q, p) = P\dot{Q} - \hat{H}(Q, P) + \frac{dW(q, Q, t)}{dt}$$
が成立する。dW/dt を代入して整理すると

$$\left(p - \frac{\partial W}{\partial q}\right)\dot{q} - H(q,p) = \left(P + \frac{\partial W}{\partial Q}\right)\dot{Q} - \hat{H}(Q,P) + \frac{\partial W}{\partial t}$$

となる。この式が恒等的に成立するためには

$$p = \frac{\partial W}{\partial q} \qquad P = -\frac{\partial W}{\partial Q}$$

$$H(q,p) + \frac{\partial W}{\partial t} = \hat{H}(Q,P)$$

が条件となる。

　この結果、ハミルトニアンは正準変換によって、時間変化することになる。つまり、母関数 W が t を陽な変数として含んでいる場合には、ハミルトニアンが変化し、力学的エネルギーが保存しないことになる。たとえば、まさつのある系などの減衰運動などが対象となる。

　ただし、われわれが興味ある対象は、力学的エネルギーが保存される系がメインである。よって、$W = W(q,p)$ が中心となる。

　母関数に t が陽な変数として入る場合 $W = W(q,Q,t)$ の応用例は、第 8 章であらためて紹介する。

第7章　ポアソン括弧

　ハミルトン形式の解析力学では、**ポアソン括弧** (Poisson bracket)　と呼ばれる計算式が導入される。そして、この手法を正準方程式に適用すると、微分方程式の解法が簡単になることがある。さらに、この概念は、量子力学の建設に役立っているのである。本章では、その定義と効用を紹介する。

7. 1.　正準変換とポアソン括弧

　正準変数 (q, p) から (Q, P) への変換において、$Q = Q(q, p)$ ならびに $P = P(q, p)$ と置こう。このとき、変数 Q および P の全微分は

$$dQ = \frac{\partial Q}{\partial q}dq + \frac{\partial Q}{\partial p}dp \qquad dP = \frac{\partial P}{\partial q}dq + \frac{\partial P}{\partial p}dp$$

となる。

　行列を使ってまとめると

$$\begin{pmatrix} dQ \\ dP \end{pmatrix} = \begin{pmatrix} \dfrac{\partial Q}{\partial q} & \dfrac{\partial Q}{\partial p} \\ \dfrac{\partial P}{\partial q} & \dfrac{\partial P}{\partial p} \end{pmatrix} \begin{pmatrix} dq \\ dp \end{pmatrix}$$

となるが、この**変換行列** (transformation matrix) の**行列式** (determinant) は

$$\begin{vmatrix} \dfrac{\partial Q}{\partial q} & \dfrac{\partial Q}{\partial p} \\ \dfrac{\partial P}{\partial q} & \dfrac{\partial P}{\partial p} \end{vmatrix} = \frac{\partial Q}{\partial q}\frac{\partial P}{\partial p} - \frac{\partial Q}{\partial p}\frac{\partial P}{\partial q}$$

となる。

　この行列式を**ヤコビ行列式** (Jacobian determinant) あるいは、**ヤコビアン** (Jacobian) と呼ぶことを第 6 章で紹介した。

このとき

$$dQ\,dP = \begin{vmatrix} \dfrac{\partial Q}{\partial q} & \dfrac{\partial Q}{\partial p} \\ \dfrac{\partial P}{\partial q} & \dfrac{\partial P}{\partial p} \end{vmatrix} dq\,dp$$

という関係にあり、ヤコビアンは、位相平面における微小面積素である $dQ\,dP$ と $dq\,dp$ の面積比に相当する。ここで、ヤコビアンに対応する式を

$$\{Q,P\} = \frac{\partial Q}{\partial q}\frac{\partial P}{\partial p} - \frac{\partial Q}{\partial p}\frac{\partial P}{\partial q}$$

のように $\{,\}$ を使って表記する。このとき $\{\}$ を**ポアソン括弧** (Poisson bracket) と呼んでいる[14]。すると

$$dQ\,dP = \{Q,P\}dqdp$$

となる。座標変換 $(q,p) \rightarrow (Q,P)$ が正準変換の場合には q–p 平面と Q–P 平面における作用変数 J の面積が不変であるから

$$dQ\,dP = dq\,dp$$

から、ポアソン括弧は

$$\{Q,P\} = 1$$

となり、正準変換の条件となる。

演習 7-1　つぎのポアソン括弧を計算せよ。

(1)　$\{Q,Q\}$　　　(2)　$\{P,P\}$

解)　$\{Q,P\} = \dfrac{\partial Q}{\partial q}\dfrac{\partial P}{\partial p} - \dfrac{\partial Q}{\partial p}\dfrac{\partial P}{\partial q}$　において

(1)　P に Q を代入すると　$\{Q,Q\} = \dfrac{\partial Q}{\partial q}\dfrac{\partial Q}{\partial p} - \dfrac{\partial Q}{\partial p}\dfrac{\partial Q}{\partial q} = 0$

---

[14] ポアソン括弧は $[Q,P]$ や (Q,P) と表記することもある。

(2) Q に P を代入すると $\{P, P\} = \dfrac{\partial P}{\partial q}\dfrac{\partial P}{\partial p} - \dfrac{\partial P}{\partial p}\dfrac{\partial P}{\partial q} = 0$

となる。

___

以上の $\{Q, P\} = 1$, $\{Q, Q\} = 0$, $\{P, P\} = 0$ が、$(q, p) \rightarrow (Q, P)$ が正準変換となるための条件とされている。ただし、$\{Q, Q\} = 0$, $\{P, P\} = 0$ は自明であるから $\{Q, P\} = 1$ が正準変換の実質的条件となる。

7.2. ポアソン括弧の一般化

ポアソン括弧は、より一般的には、正準変数を (q, p) とするとき、任意関数 $A(q, p)$ および $B(q, p)$ に対して

$$\{A, B\} = \frac{\partial A}{\partial q}\frac{\partial B}{\partial p} - \frac{\partial A}{\partial p}\frac{\partial B}{\partial q}$$

と定義することができる。ここで、関数 A と B は位相平面で定義できる関数であり、**力学変数** (dynamical variable) である q と p の関数となる[15]。

ここでは、ポアソン括弧の定義をもとに、その特徴について整理していくことにしよう。

___

演習 7-2　つぎのポアソン括弧の値を計算せよ。

(1) $\{q, q\}$　　(2) $\{q, p\}$　　(3) $\{p, q\}$　　(4) $\{p, p\}$

___

解)　定義にしたがって計算を進めると

(1)　$\{q, q\} = \dfrac{\partial q}{\partial q}\dfrac{\partial q}{\partial p} - \dfrac{\partial q}{\partial p}\dfrac{\partial q}{\partial q} = 1 \cdot 0 - 0 \cdot 1 = 0$

___

[15] 力学変数である位置 q、運動量 p の関数であるが、時間 t の関数でもある。ここでは $A = A(q, p)$ としているが、q, p は t の関数であるから、それを明示すると $A = A(q(t), p(t))$ となる。

(2)　　$\{q, p\} = \dfrac{\partial q}{\partial q}\dfrac{\partial p}{\partial p} - \dfrac{\partial q}{\partial p}\dfrac{\partial p}{\partial q} = 1\cdot 1 - 0\cdot 0 = 1$

(3)　　$\{p, q\} = \dfrac{\partial p}{\partial q}\dfrac{\partial q}{\partial p} - \dfrac{\partial p}{\partial p}\dfrac{\partial q}{\partial q} = 0\cdot 0 - 1\cdot 1 = -1$

(4)　　$\{p, p\} = \dfrac{\partial p}{\partial q}\dfrac{\partial p}{\partial p} - \dfrac{\partial p}{\partial p}\dfrac{\partial p}{\partial q} = 0\cdot 1 - 1\cdot 0 = 0$

演習 7-3　つぎのポアソン括弧の値を計算せよ。

(1)　$\{q, q^2\}$　　　　(2)　$\{p, p^2\}$

解）　　定義にしたがって計算を進めると

(1)　　$\{q, q^2\} = \dfrac{\partial q}{\partial q}\dfrac{\partial q^2}{\partial p} - \dfrac{\partial q}{\partial p}\dfrac{\partial q^2}{\partial q} = 1\cdot 0 - 0\cdot(2q) = 0$

(2)　　$\{p, p^2\} = \dfrac{\partial p}{\partial q}\dfrac{\partial p^2}{\partial p} - \dfrac{\partial p}{\partial p}\dfrac{\partial p^2}{\partial q} = 0\cdot(2p) - 1\cdot 0 = 0$

同様にして、$\{q^2, q\} = 0$ および $\{p^2, p\} = 0$ となる。

ポアソン括弧にはつぎの性質がある。まず、A, B を力学変数からなる関数

$$A = A(q, p)\qquad B = B(q, p)$$

とすると

$$\{A, B\} = -\{B, A\}$$

が成立する。これを反対称性と呼んでいる。この関係は、ポアソン括弧の定義をもとに証明でき

$$\{A, B\} = \dfrac{\partial A}{\partial q}\dfrac{\partial B}{\partial p} - \dfrac{\partial A}{\partial p}\dfrac{\partial B}{\partial q} = -\dfrac{\partial B}{\partial q}\dfrac{\partial A}{\partial p} + \dfrac{\partial B}{\partial p}\dfrac{\partial A}{\partial q}$$

$$= -\left(\dfrac{\partial B}{\partial q}\dfrac{\partial A}{\partial p} - \dfrac{\partial B}{\partial p}\dfrac{\partial A}{\partial q}\right) = -\{B, A\}$$

となる。

ここで、反対称の式の B に A を代入すると

$$\{A, A\} = -\{A, A\}$$

となるが、この場合

$$\{A, A\} = 0$$

でなければならない。つぎに

$$\{A, B+C\} = \{A, B\} + \{A, C\}$$

$$\{A+B, C\} = \{A, C\} + \{B, C\}$$

のように、分配の法則が成立する。

演習 7-4　ポアソン括弧において $\{A, B+C\} = \{A, B\} + \{A, C\}$ という関係が成立

することを確かめよ。

解）　定義にしたがって計算すると

$$\{A, B+C\} = \frac{\partial A}{\partial q}\frac{\partial(B+C)}{\partial p} - \frac{\partial A}{\partial p}\frac{\partial(B+C)}{\partial q}$$

$$= \frac{\partial A}{\partial q}\frac{\partial B}{\partial p} - \frac{\partial A}{\partial p}\frac{\partial B}{\partial q} + \frac{\partial A}{\partial q}\frac{\partial C}{\partial p} - \frac{\partial A}{\partial p}\frac{\partial C}{\partial q} = \{A, B\} + \{A, C\}$$

となり、上記の式が成立することが確かめられる。

同様にして

$$\{A+B+C, D\} = \{A, D\} + \{B, D\} + \{C, D\}$$

$$\{A, B+C+D\} = \{A, B\} + \{A, C\} + \{A, D\}$$

も成立する。

つぎに、a を定数とすると

$$\{A, a\} = 0 \qquad \{aA, B\} = \{A, aB\} = a\{A, B\}$$

が成立する。

また、a, b を定数とすると

$$\{aA + bB, C\} = a\{A, C\} + b\{B, C\}$$

$$\{A, aB + bC\} = a\{A, B\} + b\{A, C\}$$

という線形関係が成立する。

演習 7-5　a, b を定数とするとき、つぎの関係が成立することを確かめよ。

$$\{A, aB + bC\} = a\{A, B\} + b\{A, C\}$$

解）　定義にしたがって計算すると

$$\{A, aB + bC\} = \frac{\partial A}{\partial q}\frac{\partial (aB + bC)}{\partial p} - \frac{\partial A}{\partial p}\frac{\partial (aB + bC)}{\partial q}$$

$$= \frac{\partial A}{\partial q}\frac{\partial (aB)}{\partial p} - \frac{\partial A}{\partial p}\frac{\partial (aB)}{\partial q} + \frac{\partial A}{\partial q}\frac{\partial (bC)}{\partial p} - \frac{\partial A}{\partial p}\frac{\partial (bC)}{\partial q}$$

ここで

$$\frac{\partial (aB)}{\partial p} = a\frac{\partial B}{\partial p} \qquad \frac{\partial (bC)}{\partial p} = b\frac{\partial C}{\partial p}$$

であるから

$$\{A, aB + bC\} = a\left(\frac{\partial A}{\partial q}\frac{\partial B}{\partial p} - \frac{\partial A}{\partial p}\frac{\partial B}{\partial q}\right) + b\left(\frac{\partial A}{\partial q}\frac{\partial C}{\partial p} - \frac{\partial A}{\partial p}\frac{\partial C}{\partial q}\right) = a\{A, B\} + b\{A, C\}$$

となり、確かに成立している。

力学変数 q, p からなる関数 A, B, C が AB, BC, ABC などのように積となってい

る場合にも、ポアソン括弧の定義式をもとに計算が可能で ある。まず基本として

$$A\{B,C\} = \{B,C\}A$$

という関係が成立する。ポアソン括弧は反対称であるが、通常の関数の積であれば、どちらから乗じても結果は同じである。たとえば

$$\{B,C\} = \frac{\partial B}{\partial q}\frac{\partial C}{\partial p} - \frac{\partial B}{\partial p}\frac{\partial C}{\partial q}$$

であるが

$$A\{B,C\} = A\left(\frac{\partial B}{\partial q}\frac{\partial C}{\partial p} - \frac{\partial B}{\partial p}\frac{\partial C}{\partial q}\right) = \left(\frac{\partial B}{\partial q}\frac{\partial C}{\partial p} - \frac{\partial B}{\partial p}\frac{\partial C}{\partial q}\right)A = \{B,C\}A$$

から明らかであろう。

演習 7-6 ポアソン括弧において $\{AB,C\} = A\{B,C\} + \{A,C\}B$ という関係が成立することを確かめよ。

解） 定義にしたがって計算すると

$$\{AB,C\} = \frac{\partial(AB)}{\partial q}\frac{\partial C}{\partial p} - \frac{\partial(AB)}{\partial p}\frac{\partial C}{\partial q}$$

$$= \left(A\frac{\partial B}{\partial q} + \frac{\partial A}{\partial q}B\right)\frac{\partial C}{\partial p} - \left(A\frac{\partial B}{\partial p} + \frac{\partial A}{\partial p}B\right)\frac{\partial C}{\partial q}$$

となる。

ここで、A ならびに B で項を括り出すと

$$\{AB,C\} = A\left(\frac{\partial B}{\partial q}\frac{\partial C}{\partial p} - \frac{\partial B}{\partial p}\frac{\partial C}{\partial q}\right) + \left(\frac{\partial A}{\partial q}\frac{\partial C}{\partial p} - \frac{\partial A}{\partial p}\frac{\partial C}{\partial q}\right)B$$

となるが、( ) 内はまさにポアソン括弧 { } であるので

$$\{AB,C\} = A\{B,C\} + \{A,C\}B$$

となり、上記の関係が成立することが確かめられる。

ただし

$$A\{B,C\}=\{B,C\}A \qquad \{A,C\}B=B\{A,C\}$$

である。

いま求めた関係に $B=A$ を代入すると

$$\{A^2,C\}=\{AA,C\}=A\{A,C\}+\{A,C\}A=2A\{A,C\}$$

となる。さらに

$$\{A^3,C\}=\{A^2A,C\}$$

$$=A^2\{A,C\}+\{A^2,C\}A=A^2\{A,C\}+2A^2\{A,C\}=3A^2\{A,C\}$$

から、一般式として

$$\{A^n,C\}=nA^{n-1}\{A,C\}$$

が得られる。

演習 7-7　ポアソン括弧 $\{A,BC\}$ を計算せよ。

解）　定義にしたがって計算すると

$$\{A,BC\}=\frac{\partial A}{\partial q}\frac{\partial(BC)}{\partial p}-\frac{\partial A}{\partial p}\frac{\partial(BC)}{\partial q}$$

$$=\frac{\partial A}{\partial q}\left\{B\frac{\partial C}{\partial p}+C\frac{\partial B}{\partial p}\right\}-\frac{\partial A}{\partial p}\left\{B\frac{\partial C}{\partial q}+C\frac{\partial B}{\partial q}\right\}$$

となる。

ここで、B と C で項を括り出すと

$$\{A,BC\}=B\left\{\frac{\partial A}{\partial q}\frac{\partial C}{\partial p}-\frac{\partial A}{\partial p}\frac{\partial C}{\partial q}\right\}+C\left\{\frac{\partial A}{\partial q}\frac{\partial B}{\partial p}-\frac{\partial A}{\partial p}\frac{\partial B}{\partial q}\right\}$$

となるが、{ } 内はまさにポアソン括弧であるので

$$\{A,BC\}=\{A,C\}B+C\{A,B\}$$

となる。

ポアソン括弧の性質を利用して、演習 7-6 で証明した

$$\{AB, C\} = A\{B, C\} + \{A, C\}B$$

という式から上記関係を導出することもできる。

ポアソン括弧の反対称性から

$$\{A, BC\} = -\{BC, A\}$$

となる。ここで

$$\{BC, A\} = B\{C, A\} + \{B, A\}C$$

となるが、ふたたびポアソン括弧の反対称性を利用すると

$$-\{BC, A\} = -B\{C, A\} - \{B, A\}C = B\{A, C\} + \{A, B\}C$$

$$= \{A, C\}B + C\{A, B\}$$

となるので

$$\{A, BC\} = \{A, C\}B + C\{A, B\}$$

が導出できる。

演習 7-8 つぎのポアソン括弧を計算せよ。

     (1) $\{q^2, p\}$ (2) $\{q^3, p\}$ (3) $\{q^n, p\}$

解) $\{q, p\} = 1$ ならびにポアソン括弧の性質を使って計算する。

(1) $\{A^2, C\} = 2A\{A, C\}$ という関係から

$$\left\{ q^2, p \right\} = 2q\left\{ q, p \right\} = 2q$$

(2) $\left\{ A^3, C \right\} = 3A^2\left\{ A, C \right\}$ という関係から

$$\left\{ q^3, p \right\} = 3q^2\left\{ q, p \right\} = 3q^2$$

(3) $\left\{ A^n, C \right\} = nA^{n-1}\left\{ A, C \right\}$ という関係から

$$\left\{ q^n, p \right\} = nq^{n-1}\left\{ q, p \right\} = nq^{n-1}$$

となる。

ポアソン括弧においては、次式も成立する。

$$\left\{ A, \left\{ B, C \right\} \right\} + \left\{ B, \left\{ C, A \right\} \right\} + \left\{ C, \left\{ A, B \right\} \right\} = 0$$

この式を**ヤコビの恒等式** (Jacob identity) と呼んでいる。

　ヤコビの恒等式は、ベクトルの外積においても成立することが知られており

$$\vec{A} \times (\vec{B} \times \vec{C}) + \vec{B} \times (\vec{C} \times \vec{A}) + \vec{C} \times (\vec{A} \times \vec{B}) = \vec{0}$$

となる。

　実は、ポアソン括弧の延長として、量子力学でも登場する**交換子** (commutator) がヤコビ恒等式を満足することも知られている。交換子を

$$[A, B] = AB - BA$$

と定義する。ただし、演算の順序は

$$AB \neq BA$$

のように非可換とする。このとき

$$[A, [B, C]] + [B, [C, A]] + [C, [A, B]] = 0$$

が成立する。

演習 7-9　交換子に対してヤコビ恒等式が成立することを確かめよ。

解）　演算の順序を変えられないことに注意して計算を進めると

$$[A,[B,C]] = [A,BC - CB] = A(BC - CB) - (BC - CB)A$$

$$= ABC - ACB - BCA + CBA$$

$$[B,[C,A]] = [B,CA - AC] = B(CA - AC) - (CA - AC)B$$

$$= BCA - BAC - CAB + ACB$$

$$[C,[A,B]] = [C,AB - BA] = C(AB - BA) - (AB - BA)C$$

$$= CAB - CBA - ABC + BAC$$

となる。ここで右辺を符号で整理すると

$$(ABC + ACB + BAC + BCA + CAB + CBA)$$

$$-(ABC + ACB + BAC + BCA + CAB + CBA) = 0$$

となり恒等式が成立することが確かめられる。

　ポアソン括弧で成立するヤコビ恒等式も、基本的には同様の手法で証明できる。ただし、実際の計算は少々煩雑である。その証明は補遺 7-1 に示しているので、参照していただきたい。

　以上のように、ポアソン括弧の定義をもとに、力学変数である q,p からなる関数どうしの演算が可能であることがわかった。それでは、ポアソン括弧を使うことに、どのような意味があるのであろうか。そこで、つぎに、その応用例を紹介しよう。

7.3.　ポアソン括弧の応用

　力学変数である正準変数 q,p からなる任意の関数

$$F = F(q,p)$$

を考える。この全微分は

$$dF = \frac{\partial F}{\partial q}dq + \frac{\partial F}{\partial p}dp$$

となる。ここで、q,p は $q = q(t),\ p = p(t)$ のように時間 t の関数であるから

$$\frac{dF}{dt} = \frac{\partial F}{\partial q}\frac{dq}{dt} + \frac{\partial F}{\partial p}\frac{dp}{dt}$$

となる。ここで正準方程式を思い出すと

$$\frac{dq}{dt} = \frac{\partial H}{\partial p} \qquad \frac{dp}{dt} = -\frac{\partial H}{\partial q}$$

であった。

　これら関係を上記の式に代入すると

$$\frac{dF}{dt} = \frac{\partial F}{\partial q}\frac{\partial H}{\partial p} - \frac{\partial F}{\partial p}\frac{\partial H}{\partial q}$$

となる。

　したがって、ポアソン括弧を使うと

$$\frac{dF}{dt} = \{F, H\}$$

となり、力学変数からなる任意の関数 F の時間依存性は、F とハミルトニアン H のポアソン括弧で表されることになる。

　F は、変数を q, p とする任意の関数であるから、簡単な例として、$F = p$ と置いてもよい。すると

$$\frac{dp}{dt} = \{p, H\}$$

となる。また、$F = q$ の場合には

$$\frac{dq}{dt} = \{q, H\}$$

となる。実は、これらが、ポアソン括弧を使った正準方程式である。

演習 7-10　上記のポアソン括弧を使った 2 組の式が、正準方程式となることを確かめよ。

　解）　ポアソン括弧の定義は

$$\{A, B\} = \frac{\partial A}{\partial q}\frac{\partial B}{\partial p} - \frac{\partial A}{\partial p}\frac{\partial B}{\partial q}$$

である。よって

$$\frac{dp}{dt} = \{p, H\} = \frac{\partial p}{\partial q}\frac{\partial H}{\partial p} - \frac{\partial p}{\partial p}\frac{\partial H}{\partial q} = 0 \cdot \frac{\partial H}{\partial p} - 1 \cdot \frac{\partial H}{\partial q} = -\frac{\partial H}{\partial q}$$

$$\frac{dq}{dt} = \{q, H\} = \frac{\partial q}{\partial q}\frac{\partial H}{\partial p} - \frac{\partial q}{\partial p}\frac{\partial H}{\partial q} = 1 \cdot \frac{\partial H}{\partial p} - 0 \cdot \frac{\partial H}{\partial q} = \frac{\partial H}{\partial p}$$

となって、確かに正準方程式となっている。

したがって、以上の関係を利用すると、ポアソン括弧の機械的な計算だけで、運動方程式が導出できるのである。さらに、F がハミルトニアン $H(q,p)$ の場合には

$$\frac{dH}{dt} = \{H, H\}$$

となるが、ポアソン括弧の性質から $\{H, H\} = 0$ であるから

$$\frac{dH}{dt} = 0$$

となりエネルギー保存則も導出できる。

演習 7-11　ハミルトニアンが

$$H = \frac{p^2}{2m} + mgq$$

と与えられるとき、正準方程式をポアソン括弧を用いて求め、運動方程式を導出せよ。

　解）　q に関する方程式は

$$\frac{dq}{dt} = \{q, H\} = \left\{q, \frac{p^2}{2m} + mgq\right\}$$

となる。ここで、線形性に関する公式

$$\{A, aB + bC\} = a\{A, B\} + b\{A, C\}$$

を利用すると

$$\left\{q, \frac{p^2}{2m} + mgq\right\} = \frac{1}{2m}\{q, p^2\} + mg\{q, q\}$$

となる。ここで

$$\{A, BC\} = \{A, C\}B + C\{A, B\} \quad \text{および} \quad \{q, p\} = 1$$

であるから

$$\{q, p^2\} = \{q, p\}p + p\{q, p\} = 2p\{q, p\} = 2p$$

となる。また、$\{q, q\} = 0$ であるから

$$\frac{dq}{dt} = \frac{1}{2m}(2p) + 0 = \frac{p}{m}$$

となる。

つぎに p に関する方程式は

$$\frac{dp}{dt} = \{p, H\} = \left\{p, \ \frac{p^2}{2m} + mgq\right\} = \frac{1}{2m}\{p, p^2\} + mg\{p, q\}$$

となるが

$$\{p, p^2\} = 0, \quad \{p, q\} = -1$$

から

$$\frac{dp}{dt} = \frac{1}{2m}\{p, p^2\} + mg\{p, q\} = 0 - mg = -mg$$

となる。よって

$$\frac{dq}{dt} = \frac{p}{m} \qquad \frac{dp}{dt} = -mg$$

という正準方程式が得られる。これらより

$$\frac{d^2q}{dt^2} = \frac{d}{dt}\left(\frac{dq}{dt}\right) = \frac{d}{dt}\left(\frac{p}{m}\right) = \frac{1}{m}\frac{dp}{dt} = -g$$

から

$$F = m\frac{d^2q}{dt^2} = -mg$$

という運動方程式が得られる。

演習 7-12 ハミルトニアンが

$$H = \frac{\omega}{2}(p^2 + q^2)$$

と与えられるとき、正準方程式をポアソン括弧を用いて求め、運動方程式を導出せよ。

解） q に関する方程式は

$$\frac{dq}{dt} = \{q, H\} = \left\{q, \frac{\omega}{2}(p^2 + q^2)\right\} = \frac{\omega}{2}\{q, p^2\} + \frac{\omega}{2}\{q, q^2\}$$

となるが $\{q, q^2\} = 0$ であり

$$\{q, p^2\} = 2p$$

から

$$\frac{dq}{dt} = \frac{\omega}{2}\{q, p^2\} + \frac{\omega}{2}\{q, q^2\} = \frac{\omega}{2}(2p) + 0 = \omega p$$

となる。

つぎに p に関する方程式は

$$\frac{dp}{dt} = \{p, H\} = \left\{p, \frac{\omega}{2}(p^2 + q^2)\right\} = \frac{\omega}{2}\{p, p^2\} + \frac{\omega}{2}\{p, q^2\}$$

となるが $\{p, p^2\} = 0$ であり

$$\{p, q^2\} = \{p, q\}q + q\{p, q\} = 2q\{p, q\}$$

となる。ここで $\{p, q\} = -1$ であるから

$$\{p, q^2\} = -2q$$

となるので

$$\frac{dp}{dt} = \frac{\omega}{2}\{p, p^2\} + \frac{\omega}{2}\{p, q^2\} = 0 - \frac{\omega}{2}(2q) = -\omega q$$

となる。よって

$$\frac{dq}{dt} = \omega p \qquad \frac{dp}{dt} = -\omega q$$

これらより

$$\frac{d^2 q}{dt^2} = \frac{d}{dt}\left(\frac{dq}{dt}\right) = \frac{d}{dt}(\omega p) = \omega \frac{dp}{dt} = -\omega^2 q$$

から

$$F = m\frac{d^2 q}{dt^2} = -m\omega^2 q$$

という運動方程式が得られる

　このように、ポアソン括弧の性質を利用すると、正準方程式が単純計算で求められ、その結果、運動方程式の導出が機械的に行えるようになる。

　実は、この形式が、量子力学にも応用されており、行列力学の建設に貢献するとともに、有名なハイゼンベルクの運動方程式の導入につながっているのである。

7.4.　自由度

　いままでは、正準変数として (q, p) を考え、力学に係わる関数として、2 変数からなる $A(q, p)$ および $B(q, p)$ を取り扱ってきたが、ポアソン括弧は、2 次元、3 次元、そして、それ以上にも拡張できる。この場合、2 次元平面に対応した場合を自由度 2 と呼ぶ。

　自由度が 2 の場合には、力学変数からなる関数 $A(q_1, q_2, p_1, p_2)$ および $B(q_1, q_2, p_1, p_2)$ は 4 変数となる。この場合のポアソン括弧は

$$\{A, B\} = \left(\frac{\partial A}{\partial q_1}\frac{\partial B}{\partial p_1} - \frac{\partial A}{\partial p_1}\frac{\partial B}{\partial q_1}\right) + \left(\frac{\partial A}{\partial q_2}\frac{\partial B}{\partial p_2} - \frac{\partial A}{\partial p_2}\frac{\partial B}{\partial q_2}\right)$$

と定義できる。

　自由度が 3 の場合には、力学変数からなる関数は $A(q_1, q_2, q_3, p_1, p_2, p_3)$, $B(q_1, q_2, q_3, p_1, p_2, p_3)$ のように 6 変数となる。この場合のポアソン括弧は

$$\{A, B\} = \left(\frac{\partial A}{\partial q_1}\frac{\partial B}{\partial p_1} - \frac{\partial A}{\partial p_1}\frac{\partial B}{\partial q_1}\right) + \left(\frac{\partial A}{\partial q_2}\frac{\partial B}{\partial p_2} - \frac{\partial A}{\partial p_2}\frac{\partial B}{\partial q_2}\right) + \left(\frac{\partial A}{\partial q_3}\frac{\partial B}{\partial p_3} - \frac{\partial A}{\partial p_3}\frac{\partial B}{\partial q_3}\right)$$

となる。さらに、自由度が増えた場合も同様であり、自由度に応じてポアソン括弧の数が増えるだけであり

$$\{A, B\} = \sum_{i=1}^{n}\left(\frac{\partial A}{\partial q_i}\frac{\partial B}{\partial p_i} - \frac{\partial A}{\partial p_i}\frac{\partial B}{\partial q_i}\right)$$

となる。

つまり、自由度が増えた場合でも、あくまでも自由度1の結果が基本となることがわかる。

演習 7-13　自由度2の系において、ポアソン括弧 $\{x, y\}, \{x, p_x\}, \{x, p_y\}$ を計算せよ。ただし、一般化座標を (x, y)、一般化運動量を (p_x, p_y) とする。

解）　定義にしたがって計算していく。自由度2では

$$\{A, B\} = \left(\frac{\partial A}{\partial q_1}\frac{\partial B}{\partial p_1} - \frac{\partial A}{\partial p_1}\frac{\partial B}{\partial q_1}\right) + \left(\frac{\partial A}{\partial q_2}\frac{\partial B}{\partial p_2} - \frac{\partial A}{\partial p_2}\frac{\partial B}{\partial q_2}\right)$$

となる。

いまの場合 $(q_1, p_1) = (x, p_x)$ ならびに $(q_2, p_2) = (y, p_y)$ であるから

(1)　$\{x, y\} = \dfrac{\partial x}{\partial x}\dfrac{\partial y}{\partial p_x} - \dfrac{\partial x}{\partial p_x}\dfrac{\partial y}{\partial x} + \dfrac{\partial x}{\partial y}\dfrac{\partial y}{\partial p_y} - \dfrac{\partial x}{\partial p_y}\dfrac{\partial y}{\partial y} = 0$

(2)　$\{x, p_x\} = \dfrac{\partial x}{\partial x}\dfrac{\partial p_x}{\partial p_x} - \dfrac{\partial x}{\partial p_x}\dfrac{\partial p_x}{\partial x} + \dfrac{\partial x}{\partial y}\dfrac{\partial p_x}{\partial p_y} - \dfrac{\partial x}{\partial p_y}\dfrac{\partial p_x}{\partial y} = 1$

(3)　$\{x, p_y\} = \dfrac{\partial x}{\partial x}\dfrac{\partial p_y}{\partial p_x} - \dfrac{\partial x}{\partial p_x}\dfrac{\partial p_y}{\partial x} + \dfrac{\partial x}{\partial y}\dfrac{\partial p_y}{\partial p_y} - \dfrac{\partial x}{\partial p_y}\dfrac{\partial p_y}{\partial y} = 0$

となる。

ちなみに

$$\{y, p_y\} = \frac{\partial y}{\partial x}\frac{\partial p_y}{\partial p_x} - \frac{\partial y}{\partial p_x}\frac{\partial p_y}{\partial x} + \frac{\partial y}{\partial y}\frac{\partial p_y}{\partial p_y} - \frac{\partial y}{\partial p_y}\frac{\partial p_y}{\partial y} = 1$$

$$\{p_x, p_y\} = \frac{\partial p_x}{\partial x}\frac{\partial p_y}{\partial p_x} - \frac{\partial p_x}{\partial p_x}\frac{\partial p_y}{\partial x} + \frac{\partial p_x}{\partial y}\frac{\partial p_y}{\partial p_y} - \frac{\partial p_x}{\partial p_y}\frac{\partial p_y}{\partial y} = 0$$

となる。

つまり、x, p_x の組み合わせと y, p_y の組み合わせ以外のポアソン括弧は、すべて 0 となる。ただし

$$\{x, p_x\} = 1 \qquad \{y, p_y\} = 1$$

であるが、ポアソン括弧の反対称性から

$$\{p_x, x\} = -1 \qquad \{p_y, y\} = -1$$

となる。同様にして、自由度 3 では

$$\{x, p_x\} = 1 \qquad \{y, p_y\} = 1 \qquad \{z, p_z\} = 1$$

となり、反対称性から

$$\{p_x, x\} = -1 \qquad \{p_y, y\} = -1 \qquad \{p_z, z\} = -1$$

となる。これ以外の成分のポアソン括弧はすべて 0 となる。自由度が増えた場合にも、まったく同様の結果となる。

演習 7-14　ハミルトニアンが

$$H = \frac{p_x^2}{2m} + \frac{p_y^2}{2m} + \frac{p_z^2}{2m}$$

と与えられるとき、正準方程式をポアソン括弧を用いて求め、運動方程式を導出せよ。

解）　x 方向に着目すると

$$\frac{dx}{dt} = \{x, H\}$$

$$= \left(\frac{\partial x}{\partial x} \frac{\partial H}{\partial p_x} - \frac{\partial x}{\partial p_x} \frac{\partial H}{\partial x} \right) + \left(\frac{\partial x}{\partial y} \frac{\partial H}{\partial p_y} - \frac{\partial x}{\partial p_y} \frac{\partial H}{\partial y} \right) + \left(\frac{\partial x}{\partial z} \frac{\partial H}{\partial p_z} - \frac{\partial x}{\partial p_z} \frac{\partial H}{\partial z} \right)$$

これら項の中で 0 とならないのは

$$\frac{\partial x}{\partial x} \frac{\partial H}{\partial p_x} = \frac{\partial H}{\partial p_x}$$

のみである。よって

$$\frac{dx}{dt} = \frac{\partial H}{\partial p_x} = \frac{p_x}{m}$$

となる。つぎに

$$\frac{dp_x}{dt} = \{p_x, H\}$$

$$= \left(\frac{\partial p_x}{\partial x}\frac{\partial H}{\partial p_x} - \frac{\partial p_x}{\partial p_x}\frac{\partial H}{\partial x}\right) + \left(\frac{\partial p_x}{\partial y}\frac{\partial H}{\partial p_y} - \frac{\partial p_x}{\partial p_y}\frac{\partial H}{\partial y}\right) + \left(\frac{\partial p_x}{\partial z}\frac{\partial H}{\partial p_z} - \frac{\partial p_x}{\partial p_z}\frac{\partial H}{\partial z}\right)$$

となるが、すべての項が 0 である。よって

$$\frac{dp_x}{dt} = 0$$

となり、p_x は定数となる。ここで $p_x = a$ と置くと

$$\frac{dx}{dt} = \frac{p_x}{m} = \frac{a}{m} \qquad \text{から} \qquad x = \frac{a}{m}t + x_0$$

となる。ただし、$t = 0$ のとき $x = x_0$ とした。

y, z 方向も同様となり、初期条件として $t = 0$ のとき $y = y_0$ ならびに $z = z_0$ とすると

$$y = \frac{b}{m}t + y_0 \qquad z = \frac{c}{m}t + z_0$$

となる。

このようにポアソン括弧の性質を利用すると、ハミルトニアンから、容易に運動方程式の解を得ることができるのである。

7.5. 角運動量とポアソン括弧

角運動量 L とは**運動量** (momentum: $p = mv$) に**動径** r をかけたものであり

$$L = mvr \, [\text{kgm}^2/\text{s}]$$

と与えられる。これは、どのような物理量であろうか。

実は、正確には、角運動量はベクトルであり

$$\vec{L} = \vec{r} \times \vec{p}$$

というベクトル積（外積）によって与えられる。ここで、$\vec{r}$ は動径ベクトル、$\vec{p}$ は運動量ベクトルである。

　この運動量は回転運動に対して定義されるものである。なぜなら、回転の場合には、同じ運動量であっても、回転半径によって、回転能力が異なるからである。つまり、回転半径（腕）が長いほど、てこの原理によって、回転モーメントが大きくなることに相当する。

　実は、角運動量も量子力学の建設において、重要な役割をはたした。それは、量子力学が、原子内の電子の運動を記述するために建設された学問であり、基本的には、電子は原子核のまわりを回転運動しているからである。（この描像は必ずしも正しくはないが、最初の出発点として重要である。）

　角運動量、運動量、動径ともにベクトルであるから、成分で書くと

$$\vec{L} = \begin{pmatrix} L_x \\ L_y \\ L_z \end{pmatrix} = \vec{r} \times \vec{p} = \begin{pmatrix} x \\ y \\ z \end{pmatrix} \times \begin{pmatrix} p_x \\ p_y \\ p_z \end{pmatrix} = \begin{pmatrix} yp_z - zp_y \\ zp_x - xp_z \\ xp_y - yp_x \end{pmatrix}$$

と与えられる。

演習 7-15　角運動量の x 成分 L_x と y 成分 L_y のポアソン括弧 $\{L_x, L_y\}$ を計算せよ。

解）　自由度 3 であるから

$$\{L_x, L_y\} = \left(\frac{\partial L_x}{\partial x}\frac{\partial L_y}{\partial p_x} - \frac{\partial L_x}{\partial p_x}\frac{\partial L_y}{\partial x} \right) + \left(\frac{\partial L_x}{\partial y}\frac{\partial L_y}{\partial p_y} - \frac{\partial L_x}{\partial p_y}\frac{\partial L_y}{\partial y} \right) + \left(\frac{\partial L_x}{\partial z}\frac{\partial L_y}{\partial p_z} - \frac{\partial L_x}{\partial p_z}\frac{\partial L_y}{\partial z} \right)$$

となる。

$$L_x = yp_z - zp_y \qquad L_y = zp_x - xp_z$$

であるから、第 1 項と第 2 項のポアソン括弧は 0 となり、第 3 項のみが残る。

$$\frac{\partial L_x}{\partial z} = -p_y, \quad \frac{\partial L_y}{\partial p_z} = -x, \quad \frac{\partial L_x}{\partial p_z} = y, \quad \frac{\partial L_y}{\partial z} = p_x$$

であるので

$$\{L_x, L_y\} = \frac{\partial L_x}{\partial z}\frac{\partial L_y}{\partial p_z} - \frac{\partial L_x}{\partial p_z}\frac{\partial L_y}{\partial z} = (-p_y)(-x) - yp_x = xp_y - yp_x$$

となる。ここで

$$L_z = xp_y - yp_x$$

であるから、結局

$$\{L_x, L_y\} = L_z$$

となる。

同様にして、角運動量のポアソン括弧には

$$\{L_x, L_y\} = L_z \qquad \{L_y, L_z\} = L_x \qquad \{L_z, L_x\} = L_y$$

という関係が成立する。この関係は、量子力学で重要な関係である。

7.6. 生成消滅演算子

最後に、いささか技巧的ではあるが、量子力学で使われる手法を紹介しておきたい。ハミルトニアンが

$$H = \frac{1}{2}(p^2 + \omega^2 q^2)$$

と与えられているものとする。

右辺は実数の範囲では因数分解できないが、虚数 $i = \sqrt{-1}$ を使って複素数まで拡張すると

$$H = \frac{1}{2}(\omega q + ip)(\omega q - ip)$$

と因数分解できる。ここで

$$a = \frac{1}{\sqrt{2\omega}}(\omega q + ip) \quad \text{および} \quad a^+ = \frac{1}{\sqrt{2\omega}}(\omega q - ip)$$

という、2個の関数を考える。これらは、互いに複素共役となっている。

また

$$a = a(q,p) \qquad a^+ = a^+(q,p)$$

となって、位相平面における力学変数からなる関数となるから、ポアソン括弧
が使えることになる。そして、これら関数を用いると、ハミルトニアンは

$$H = \omega\, a^+ a$$

となる。

演習 7-16　$a = a(q,p)$ と $a^+ = a^+(q,p)$ のポアソン括弧 $\{a,\,a^+\}$ を計算せよ。

解）

$$\{a,\,a^+\} = \frac{1}{2\omega}\big\{(\omega q + ip),\,(\omega q - ip)\big\} = \frac{1}{2\omega}\big\{\omega q,\,(\omega q - ip)\big\} + \big\{ip,\,(\omega q - ip)\big\}$$

$$= \frac{1}{2\omega}\Big(\omega^2\{q,q\} - i\omega\{q,p\} + i\omega\{p,q\} + \{p,p\}\Big)$$

$$= \frac{1}{2\omega}\big(0 - i\omega - i\omega + 0\big) = -i$$

となる。

また、ポアソン括弧の定義から

$$\{a,\,a\} = 0 \qquad \{a^+,\,a^+\} = 0$$

となり、反対称性から

$$\{a^+,\,a\} = -\{a,\,a^+\} = i$$

という関係も得られる。

ここで、関数 a の正準方程式

$$\frac{da}{dt} = \{a,\,H\} = \{a,\,\omega\, a^+ a\} = \omega\{a,\,a^+ a\}$$

を考える。ポアソン括弧の性質から

$$\{A,\,BC\} = \{A,\,C\}B + A\{B,\,C\}$$

であったので

$$\{a, a^{+}a\} = \{a, a\}a^{+} + a\{a^{+}, a\}$$

となるが

$$\{a, a\} = 0 \qquad\qquad \{a^{+}, a\} = i$$

であるから

$$\{a, a^{+}a\} = 0 \cdot a^{+} + a \cdot i = ia$$

となり、結局

$$\frac{da}{dt} = \omega\{a, a^{+}a\} = i\omega a$$

という関係が得られる。

　これは、力学変数からなる関数 $a(q, p)$ に関する微分方程式である。そして、この微分方程式を解けば

$$H = \frac{1}{2}(p^2 + \omega^2 q^2)$$

を満足する q と p が得られることになる。

演習 7-17　q と p を変数とする関数

$$a(q, p) = \frac{1}{\sqrt{2\omega}}(\omega q + ip)$$

が下記の微分方程式を満足するとき、q, p を求めよ。

$$\frac{da}{dt} = i\omega a$$

　解）　この微分方程式は変数分離形であり

$$\frac{da}{a} = i\omega dt \qquad\qquad d(\ln a) = i\omega dt$$

となる。よって C を定数として

$$\ln a = i\omega t + C$$

と積分でき、結局、解は、A を任意定数として

$$a = A\exp(i\omega t)$$

と与えられる。オイラーの公式から

$$\exp(i\omega t) = \cos\omega t + i\sin\omega t$$

であるので

$$a = A\cos\omega t + iA\sin\omega t$$

となるが

$$a = \frac{1}{\sqrt{2\omega}}(\omega q + ip)$$

であるので、実数部と虚数部の対比から

$$q = \sqrt{\frac{2}{\omega}}\,A\cos\omega t \qquad\qquad p = \sqrt{2\omega}\,A\sin\omega t$$

という解が得られる。

　この結果から

$$\cos\omega t = \frac{q}{A}\sqrt{\frac{\omega}{2}} \qquad\qquad \sin\omega t = \frac{p}{A\sqrt{2\omega}}$$

となり

$$\frac{\omega}{2A^2}q^2 + \frac{1}{2\omega A^2}p^2 = 1$$

という関係が得られる。つまり

$$\omega^2 q^2 + p^2 = C$$

が解となる。ただし、C は定数で $2\omega A^2$ に等しい。

　これも、ポアソン括弧を利用した解法である。実は、この手法は量子力学における第 2 量子化という手法に応用されている。a^+, a は生成ならびに消滅演算子と呼ばれるものであり、量子力学において大変重宝されている。

補遺 7-1　ヤコビ恒等式

つぎの恒等式

$$\{A,\{B,C\}\}+\{B,\{C,A\}\}+\{C,\{A,B\}\}=0$$

が成立することを確かめてみる。まず $\{A,\{B,C\}\}$ を計算してみよう。

$$\{A,\{B,C\}\}=\frac{\partial A}{\partial q}\frac{\partial\{B,C\}}{\partial p}-\frac{\partial A}{\partial p}\frac{\partial\{B,C\}}{\partial q}$$

である。

演習 A7-1　$\dfrac{\partial\{B,C\}}{\partial p}$ を計算せよ。

　解）　ポアソン括弧の定義から

$$\{B,C\}=\frac{\partial B}{\partial q}\frac{\partial C}{\partial p}-\frac{\partial B}{\partial p}\frac{\partial C}{\partial q}$$

となり、p で偏微分すると

$$\frac{\partial\{B,C\}}{\partial p}=\frac{\partial}{\partial p}\left(\frac{\partial B}{\partial q}\frac{\partial C}{\partial p}-\frac{\partial B}{\partial p}\frac{\partial C}{\partial q}\right)$$

となる。ここで

$$\frac{\partial}{\partial p}\left(\frac{\partial B}{\partial q}\frac{\partial C}{\partial p}\right)=\frac{\partial^2 B}{\partial p\partial q}\frac{\partial C}{\partial p}+\frac{\partial B}{\partial q}\frac{\partial^2 C}{\partial p^2}$$

$$\frac{\partial}{\partial p}\left(\frac{\partial B}{\partial p}\frac{\partial C}{\partial q}\right)=\frac{\partial^2 B}{\partial p^2}\frac{\partial C}{\partial q}+\frac{\partial B}{\partial p}\frac{\partial^2 C}{\partial p\partial q}$$

となるので

$$\frac{\partial \{B,C\}}{\partial p} = \frac{\partial^2 B}{\partial p \partial q}\frac{\partial C}{\partial p} + \frac{\partial B}{\partial q}\frac{\partial^2 C}{\partial p^2} - \frac{\partial^2 B}{\partial p^2}\frac{\partial C}{\partial q} - \frac{\partial B}{\partial p}\frac{\partial^2 C}{\partial p \partial q}$$

と計算できる。

したがって

$$\frac{\partial A}{\partial q}\frac{\partial \{B,C\}}{\partial p} = \frac{\partial A}{\partial q}\left(\frac{\partial^2 B}{\partial p \partial q}\frac{\partial C}{\partial p} + \frac{\partial B}{\partial q}\frac{\partial^2 C}{\partial p^2} - \frac{\partial^2 B}{\partial p^2}\frac{\partial C}{\partial q} - \frac{\partial B}{\partial p}\frac{\partial^2 C}{\partial p \partial q} \right)$$

となる。

演習 A7-2 　 $\dfrac{\partial A}{\partial p}\dfrac{\partial \{B,C\}}{\partial q}$ を計算せよ。

解）

$$\frac{\partial \{B,C\}}{\partial q} = \frac{\partial}{\partial q}\left(\frac{\partial B}{\partial q}\frac{\partial C}{\partial p} - \frac{\partial B}{\partial p}\frac{\partial C}{\partial q} \right)$$

であり

$$\frac{\partial}{\partial q}\left(\frac{\partial B}{\partial q}\frac{\partial C}{\partial p} \right) = \frac{\partial^2 B}{\partial q^2}\frac{\partial C}{\partial p} + \frac{\partial B}{\partial q}\frac{\partial^2 C}{\partial q \partial p}$$

$$\frac{\partial}{\partial q}\left(\frac{\partial B}{\partial p}\frac{\partial C}{\partial q} \right) = \frac{\partial^2 B}{\partial q \partial p}\frac{\partial C}{\partial q} + \frac{\partial B}{\partial p}\frac{\partial^2 C}{\partial q^2}$$

よって

$$\frac{\partial \{B,C\}}{\partial q} = \frac{\partial^2 B}{\partial q^2}\frac{\partial C}{\partial p} + \frac{\partial B}{\partial q}\frac{\partial^2 C}{\partial q \partial p} - \frac{\partial^2 B}{\partial q \partial p}\frac{\partial C}{\partial q} - \frac{\partial B}{\partial p}\frac{\partial^2 C}{\partial q^2}$$

から

$$\frac{\partial A}{\partial p}\frac{\partial \{B,C\}}{\partial q} = \frac{\partial A}{\partial p}\left(\frac{\partial^2 B}{\partial q^2}\frac{\partial C}{\partial p} + \frac{\partial B}{\partial q}\frac{\partial^2 C}{\partial q \partial p} - \frac{\partial^2 B}{\partial q \partial p}\frac{\partial C}{\partial q} - \frac{\partial B}{\partial p}\frac{\partial^2 C}{\partial q^2} \right)$$

となる。

ここで、煩雑さを避けるため、偏微分をつぎのように略記する。

$$\frac{\partial A}{\partial q} = A_q \quad \frac{\partial A}{\partial p} = A_p \quad \frac{\partial^2 A}{\partial q \partial p} = \frac{\partial^2 A}{\partial p \partial q} = A_{qp} \quad \frac{\partial^2 A}{\partial q^2} = A_{qq} \quad \frac{\partial^2 A}{\partial p^2} = A_{pp}$$

すると

$$\frac{\partial A}{\partial q}\frac{\partial \{B,C\}}{\partial p} = \frac{\partial A}{\partial q}\left(\frac{\partial^2 B}{\partial p \partial q}\frac{\partial C}{\partial p} + \frac{\partial B}{\partial q}\frac{\partial^2 C}{\partial p^2} - \frac{\partial^2 B}{\partial p^2}\frac{\partial C}{\partial q} - \frac{\partial B}{\partial p}\frac{\partial^2 C}{\partial p \partial q} \right)$$

$$= A_q\left(B_{qp}C_p + B_q C_{pp} - B_{pp}C_q - B_p C_{qp} \right)$$

となる。

演習 A7-3　$\dfrac{\partial A}{\partial p}\dfrac{\partial \{B,C\}}{\partial q}$ を略記法で示せ。

解）

$$\frac{\partial A}{\partial p}\frac{\partial \{B,C\}}{\partial q} = \frac{\partial A}{\partial p}\left(\frac{\partial^2 B}{\partial q^2}\frac{\partial C}{\partial p} + \frac{\partial B}{\partial q}\frac{\partial^2 C}{\partial q \partial p} - \frac{\partial^2 B}{\partial q \partial p}\frac{\partial C}{\partial q} - \frac{\partial B}{\partial p}\frac{\partial^2 C}{\partial q^2} \right)$$

であるから、それぞれの項を略記法で示せば

$$\frac{\partial A}{\partial p}\frac{\partial \{B,C\}}{\partial q} = A_p\left(B_{qq}C_p + B_q C_{qp} - B_{qp}C_q - B_p C_{qq} \right)$$

となる。

したがって

$$\{A,\{B,C\}\} = A_q\left(B_{qp}C_p + B_q C_{pp} - B_{pp}C_q - B_p C_{qp} \right)$$

$$- A_p\left(B_{qq}C_p + B_q C_{qp} - B_{qp}C_q - B_p C_{qq} \right)$$

となる。同様にして

$$\{B,\{C,A\}\} = B_q\left(C_{qp}A_p + C_q A_{pp} - C_{pp}A_q - C_p A_{qp} \right)$$

$$- B_p\left(C_{qq}A_p + C_q A_{qp} - C_{qp}A_q - C_p A_{qq} \right)$$

$$\left\{C,\left\{A,B\right\}\right\} = C_q\left(A_{qp}B_p + A_q B_{pp} - A_{pp}B_q - A_p B_{qp}\right)$$

$$-C_p\left(A_{qq}B_p + A_q B_{qp} - A_{qp}B_q - A_p B_{qq}\right)$$

となる。

　よって、これら右辺の和をとればよい。ここで A_p が入った項を取り出してみよう。すると

$$-A_p\left(B_{qq}C_p + B_q C_{qp} - B_{qp}C_q - B_p C_{qq}\right) + B_q C_{qp}A_p - B_p C_{qq}A_p - C_q A_p B_{qp} + C_p A_p B_{qq}$$

となるが、整理すると

$$A_p\left(-B_{qq}C_p - B_q C_{qp} + B_{qp}C_q + B_p C_{qq} + B_q C_{qp} - B_p C_{qq} - B_{qp}C_q + B_{qq}C_p\right)$$

となる。ここで、（　）内を見ると、正負の項がペアとなっており、互いに打ち消しあう。

　同様にして、$A_q, A_{pp}, A_{qp}, A_{qq}$ で括り出せば、すべての項が打ち消しあうことが確認できる。結局

$$\left\{A,\left\{B,C\right\}\right\} + \left\{B,\left\{C,A\right\}\right\} + \left\{C,\left\{A,B\right\}\right\} = 0$$

となり、ヤコビ恒等式が成立することが確かめられる。

第8章 ハミルトン-ヤコビ方程式

　ハミルトン形式の解析力学における正準変換は、正準方程式の形式を保ったまま、正準変数 q, p を別の正準変数 Q, P に変換する操作である。このとき、正準変換の抽象性によって、本来の変数の物理的意味が失われてしまうことがある。その紹介をしよう。

8.1. ハミルトニアンがゼロとなる変換

　正準変数 (q, p) を考え、ハミルトニアンとして

$$H = \frac{\omega}{2}(p^2 + q^2)$$

を考える。

　また、母関数として、時間 t を陽に含む $W = W(q, Q, t)$ による変数変換 (q, p) →(Q, P) を考える。このとき、ハミルトニアンは正準変換によって保存されず

$$\hat{H}(Q,P) = H(q,p) + \frac{\partial W(q,Q,t)}{\partial t}$$

と変化する。

　ここで、母関数として

$$W(q,Q,t) = \frac{q^2 \cos\omega t - 2qQ + Q^2 \cos\omega t}{2\sin\omega t}$$

を採用してみよう。

　第6章で紹介したように、母関数 W の独立変数として (q, Q) を選んだとき、従属変数の p と P は

$$p = \frac{\partial W}{\partial q} \qquad P = -\frac{\partial W}{\partial Q}$$

と与えられるのであった。

したがって、いまの場合

$$p = \frac{\partial W}{\partial q} = \frac{2q\cos\omega t - 2Q}{2\sin\omega t} = \frac{q\cos\omega t - Q}{\sin\omega t}$$

$$P = -\frac{\partial W}{\partial Q} = -\frac{-2q + 2Q\cos\omega t}{2\sin\omega t} = \frac{q - Q\cos\omega t}{\sin\omega t}$$

と与えられる。

これを、q と Q で整理すると

$$q = Q\cos\omega t + P\sin\omega t \qquad Q = q\cos\omega t - p\sin\omega t$$

となる。

演習 8-1　正準変換後の変数 $P = P(q,p)$ を、もとの正準変数 q, p で表現せよ。

解）　$Q = q\cos\omega t - p\sin\omega t$ の式を q の式

$$q = Q\cos\omega t + P\sin\omega t$$

に代入すると

$$q = Q\cos\omega t + P\sin\omega t = (q\cos\omega t - p\sin\omega t)\cos\omega t + P\sin\omega t$$

$$= q\cos^2\omega t - p\sin\omega t\cos\omega t + P\sin\omega t$$

となる。整理すると

$$q(1 - \cos^2\omega t) = -p\sin\omega t\cos\omega t + P\sin\omega t$$

から

$$q\sin^2\omega t = -p\sin\omega t\cos\omega t + P\sin\omega t$$

となり、両辺を $\sin\omega t$ で除すと

$$q\sin\omega t = -p\cos\omega t + P$$

したがって

$$P = q\sin\omega t + p\cos\omega t$$

となる。

結局、変数変換は

$$\begin{cases} Q = q\cos\omega t - p\sin\omega t \\ P = q\sin\omega t + p\cos\omega t \end{cases}$$

となり

$$\begin{pmatrix} Q \\ P \end{pmatrix} = \begin{pmatrix} \cos\omega t & -\sin\omega t \\ \sin\omega t & \cos\omega t \end{pmatrix} \begin{pmatrix} q \\ p \end{pmatrix}$$

と表記することができる。

この行列は、まさに原点を中心とした反時計まわりの角度 ωt の回転操作に相当する。この逆変換は

$$\begin{pmatrix} q \\ p \end{pmatrix} = \begin{pmatrix} \cos\omega t & \sin\omega t \\ -\sin\omega t & \cos\omega t \end{pmatrix} \begin{pmatrix} Q \\ P \end{pmatrix}$$

となる。この変換行列は、上記の行列の逆回転となるので、ωt に $-\omega t$ を代入したものとなる。つまり

$$\begin{pmatrix} \cos(-\omega t) & -\sin(-\omega t) \\ \sin(-\omega t) & \cos(-\omega t) \end{pmatrix} = \begin{pmatrix} \cos\omega t & \sin\omega t \\ -\sin\omega t & \cos\omega t \end{pmatrix}$$

となる。

また、この行列は、回転行列の逆行列となっている。つまり

$$\begin{pmatrix} \cos\omega t & -\sin\omega t \\ \sin\omega t & \cos\omega t \end{pmatrix}^{-1} = \begin{pmatrix} \cos\omega t & \sin\omega t \\ -\sin\omega t & \cos\omega t \end{pmatrix}$$

という関係にある。実際に

$$\begin{pmatrix} \cos\omega t & -\sin\omega t \\ \sin\omega t & \cos\omega t \end{pmatrix} \begin{pmatrix} \cos\omega t & \sin\omega t \\ -\sin\omega t & \cos\omega t \end{pmatrix} = \begin{pmatrix} \cos^2\omega t + \sin^2\omega t & 0 \\ 0 & \sin^2\omega t + \cos^2\omega t \end{pmatrix} = \begin{pmatrix} 1 & 0 \\ 0 & 1 \end{pmatrix}$$

となり、逆行列となることが確かめられる。

したがって、変換前の座標 (q, p) は、正準変換後の座標 (Q, P) とは、つぎの関係にあることがわかる。

$$\begin{cases} q = \quad Q\cos\omega t + P\sin\omega t \\ p = -Q\sin\omega t + P\cos\omega t \end{cases}$$

いま求めた逆変換の式を

$$H = \frac{\omega}{2}(p^2 + q^2)$$

に代入してみよう。すると

$$p^2 = (P\cos\omega t - Q\sin\omega t)^2 = P^2\cos^2\omega t - 2PQ\sin\omega t\cos\omega t + Q^2\sin^2\omega t$$

$$q^2 = (P\sin\omega t + Q\cos\omega t)^2 = P^2\sin^2\omega t + 2PQ\sin\omega t\cos\omega t + Q^2\cos^2\omega t$$

となるから

$$H = \frac{\omega}{2}(p^2 + q^2) = \frac{\omega}{2}(P^2 + Q^2)$$

となる。

演習 8-2　母関数 $W = W(q, Q, t)$ を下記の関数とするとき、$\partial W/\partial t$ を計算せよ。

$$W = \frac{q^2 \cos \omega t - 2qQ + Q^2 \cos \omega t}{2 \sin \omega t}$$

　解）　関数 $f = f(x, y)$ と $g = g(x, y)$ において

$$\frac{\partial}{\partial x}\left(\frac{f}{g}\right) = \frac{f_x \cdot g - f \cdot g_x}{g^2} \qquad ただし \qquad f_x = \frac{\partial f}{\partial x} \quad g_x = \frac{\partial g}{\partial x}$$

という関係にあるから、W の t に関する偏微分は

$$\frac{\partial W}{\partial t} = \frac{\frac{\partial}{\partial t}(q^2 \cos \omega t - 2qQ + Q^2 \cos \omega t) \cdot (2 \sin \omega t) - (q^2 \cos \omega t - 2qQ + Q^2 \cos \omega t)\frac{\partial}{\partial t}(2 \sin \omega t)}{(2 \sin \omega t)^2}$$

$$= \frac{\omega\{q^2(-\sin \omega t) - Q^2 \sin \omega t\}(2 \sin \omega t) - (q^2 \cos \omega t - 2qQ + Q^2 \cos \omega t)(2\omega \cos \omega t)}{4 \sin^2 \omega t}$$

となる。

　ここで、分子を整理する。分子の第 1 項と第 2 項は、それぞれ

$$\omega\{q^2(-\sin \omega t) - Q^2 \sin \omega t\}(2 \sin \omega t) = -2\omega q^2 \sin^2 \omega t - 2\omega Q^2 \sin^2 \omega t$$

$$(q^2 \cos \omega t - 2qQ + Q^2 \cos \omega t)(2\omega \cos \omega t) = 2\omega q^2 \cos^2 \omega t - 4\omega qQ \cos \omega t + 2\omega Q^2 \cos^2 \omega t$$

となり、分子をまとめると

$$-2\omega q^2 (\sin^2 \omega t + \cos^2 \omega t) - 2\omega Q^2 (\sin^2 \omega t + \cos^2 \omega t) + 4\omega qQ \cos \omega t$$

$$= -2\omega q^2 - 2\omega Q^2 + 4\omega qQ \cos \omega t = -2\omega(q^2 + Q^2) + 4\omega qQ \cos \omega t$$

となる。

　したがって

$$\frac{\partial W}{\partial t} = \frac{-\omega(q^2 + Q^2) + 2\omega qQ \cos \omega t}{2 \sin^2 \omega t}$$

となる。さらに、分子を変形していこう。

$$q = P \sin \omega t + Q \cos \omega t$$

から

$$q^2 = P^2 \sin^2 \omega t + 2PQ \sin \omega t \cos \omega t + Q^2 \cos^2 \omega t$$

となるから

$$q^2 + Q^2 = P^2 \sin^2 \omega t + 2PQ \sin \omega t \cos \omega t + Q^2(1 + \cos^2 \omega t)$$

よって

$$-\omega(q^2 + Q^2) = -\omega P^2 \sin^2 \omega t - 2\omega PQ \sin \omega t \cos \omega t - \omega Q^2(1 + \cos^2 \omega t)$$

となる。

つぎに $q = P \sin \omega t + Q \cos \omega t$ に $2\omega Q \cos \omega t$ を乗じると

$$2\omega qQ \cos \omega t = 2\omega PQ \sin \omega t \cos \omega t + 2\omega Q^2 \cos^2 \omega t$$

となる。したがって分子は

$$-\omega(q^2 + Q^2) + 2\omega qQ \cos \omega t = -\omega P^2 \sin^2 \omega t - \omega Q^2(1 - \cos^2 \omega t)$$
$$= -\omega P^2 \sin^2 \omega t - \omega Q^2 \sin^2 \omega t = -\omega(P^2 + Q^2)\sin^2 \omega t$$

となり、結局

$$\frac{\partial W}{\partial t} = \frac{-\omega(q^2 + Q^2) + 2\omega qQ \cos \omega t}{2 \sin^2 \omega t} = \frac{-\omega(P^2 + Q^2)\sin^2 \omega t}{2 \sin^2 \omega t}$$

$$= -\frac{\omega}{2}(P^2 + Q^2)$$

となる。

ここで、母関数 W による正準変換を考えてみよう。第 6 章で紹介したように、母関数が時間 t を陽な変数として含む場合、変換後のハミルトニアンは

$$\hat{H} = H + \frac{\partial W}{\partial t}$$

と変換されるのであった。したがって

$$\hat{H} = H + \frac{\partial W}{\partial t} = \frac{\omega}{2}(P^2 + Q^2) - \frac{\omega}{2}(P^2 + Q^2) = 0$$

となる。

このように、いまの母関数を使って正準変換を行うと、変換後のハミルトニアン $\hat{H}$ が 0 となってしまうのである。

これでは、本来のハミルトニアンがエネルギーに対応するという物理的な意味が失われてしまうように思われるが、どうであろうか。もちろん、新しい正準変

数 Q, P では形式的にそうなるのであるが、前述したように、実際問題に適用する場合には、もとの変数 q, p に戻して解析すればよいだけの話である。

しかし、数学的かつ形式的な変換とはいえ、ハミルトニアンを 0 とすることにどのような意味があるのであろうか。実は、大きな効用があるのである。

それは、新たな正準変数 P, Q とハミルトニアン $\hat{H}$ からなる正準方程式の解がいとも簡単に得られるということである。

すなわち、新たな系での正準方程式は

$$\frac{dP}{dt} = -\frac{\partial \hat{H}}{\partial Q} = 0 \qquad \frac{dQ}{dt} = \frac{\partial \hat{H}}{\partial P} = 0$$

となり、P, Q がいずれも

$$P = a \quad および \quad Q = b$$

のように定数となる。

いったん、ハミルトニアンが 0 となる正準変換を施せば、解が定数となる。そのうえで、もとの変数 p, q に逆変換すれば

$$\begin{cases} p = P\cos\omega t - Q\sin\omega t = a\cos\omega t - b\sin\omega t \\ q = P\sin\omega t + Q\cos\omega t = a\sin\omega t + b\cos\omega t \end{cases}$$

となり、本来の物理的意味のある解が得られることになる。

したがって、ハミルトニアンが 0 となる正準変換を行って、P, Q を求めたうえで、もとの変数 p, q に逆変換することで、運動方程式の解が簡単に得られるのである。これは、魅力的な手法ではなかろうか。

8.2.　ハミルトン-ヤコビの手法

つまり、ハミルトニアンを 0 にする正準変換があれば、その操作の逆変換によって、苦労することなく解を求められることになる。ただし、残念ながら、事はそう簡単ではないのである。

いまの解法を振り返ってみよう。実は

$$H = \frac{\omega}{2}(p^2 + q^2)$$

という単振動のハミルトニアン[16] に対して

$$W(q,Q,t) = \frac{q^2 \cos \omega t - 2qQ + Q^2 \cos \omega t}{2 \sin \omega t}$$

という母関数による正準変換を行えば、変換後のハミルトニアン $\hat{H}$ が 0 となることが、あらかじめわかっていたので問題が簡単化できたのである。

しかし、一般の問題に本手法を適用するためには、任意のハミルトニアンに対して、このような関係を満足する母関数 $W(q,Q,t)$ を求める必要がある。

つまり

$$H(q,p) + \frac{\partial W(q,Q,t)}{\partial t} = 0$$

という方程式を満足する関数 $W(q,Q,t)$ を求めるステップが必要となるのである。

この式を**ハミルトン-ヤコビの偏微分方程式** (Hamilton-Jacobi's partial differential equation) と呼んでいる。単に、ハミルトン-ヤコビ方程式と呼ぶ場合もある。つまり、適当な H が与えられたとき、この式を満足する W を求めることができれば、運動の解析が可能となる。

ただし、多変数からなる偏微分方程式を解くのは一般には簡単ではない。そこで、いろいろな工夫をしながら方程式の解法を進めることになる。

まず条件として、独立変数が (q, Q) の母関数 W による正準変換の場合

$$p = \frac{\partial W(q,Q,t)}{\partial q} \qquad P = -\frac{\partial W(q,Q,t)}{\partial Q}$$

という関係が成立するのであった。

また、Q, P ともに定数であるから、$Q = \alpha$ と置くと

$$p = \frac{\partial W(q,Q,t)}{\partial q} = \frac{\partial W(q,\alpha,t)}{\partial q}$$

と簡単となる。

このとき、ハミルトン-ヤコビ方程式は

$$-\frac{\partial}{\partial t} W(q, \alpha, t) = H\left(q, \frac{\partial W(q, \alpha, t)}{\partial q}, t\right)$$

---

[16] 正式には、このハミルトニアンは、位相空間（q-p 平面）において単振動のトラジェクトリーが楕円から円となるように正準変換したものである。

となるが、α は定数なので W は、実質的には q と t の 2 変数関数となる。　よって、この式は

$$-\frac{\partial}{\partial t}W(q,t) = H\left(q, \frac{\partial W(q,t)}{\partial q}, t\right)$$

と書ける。

　ところで、われわれが扱う力学問題では、ハミルトニアン H が変数として t を陽に含まない場合を想定することが多い。すると、ハミルトン-ヤコビ方程式は

$$-\frac{\partial}{\partial t}W(q,t) = H\left(q, \frac{\partial W(q,t)}{\partial q}\right)$$

のように簡単となる。

演習 8-3　母関数 W が、変数分離可能で
$$W(q,t) = S(q) + \theta(t)$$
と置けるとき、ハミルトン-ヤコビ方程式を変形せよ。

　解)　ハミルトン-ヤコビ方程式は

$$-\frac{\partial}{\partial t}W(q,t) = H\left(q, \frac{\partial W(q,t)}{\partial q}\right)$$

である。左辺は、変数分離すると

$$-\frac{\partial}{\partial t}W(q,t) = -\frac{\partial}{\partial t}\{S(q)+\theta(t)\} = -\frac{\partial}{\partial t}\theta(t) = -\frac{d}{dt}\theta(t)$$

となる。

　ここで、変数が t のみとなったため、偏微分から常微分となったことに注意されたい。つぎにハミルトニアンの変数は

$$\frac{\partial}{\partial q}W(q,t) = \frac{\partial}{\partial q}\{S(q)+\theta(t)\} = \frac{\partial}{\partial q}S(q) = \frac{d}{dq}S(q)$$

となる。こちらも、変数が q のみとなったため常微分となる。

　よって、微分方程式は

$$-\frac{d\theta(t)}{dt} = H\left(q, \frac{dS(q)}{dq}\right)$$

となる。

ここで、得られた方程式の左辺は、t だけの関数であり、右辺の H は q だけの関数となっている。これは、H が t に陽に依存しないという先ほどの仮定に基づいている。この等式が、任意の t および q に対して恒等的に成立するためには、両辺が定数でなければならない。そこで、ハミルトニアン H の値、つまり正準変換前のエネルギーの大きさを E と置くと

$$-\frac{d\theta(t)}{dt} = H\left(q, \frac{dS(q)}{dq}\right) = E$$

となり

$$-\frac{d\theta(t)}{dt} = E \qquad H\left(q, \frac{dS(q)}{dq}\right) = E$$

という変数 t に関する方程式と、変数 q に関する方程式に分離できる。

ここで、$\theta(t)$ の解は簡単であり

$$\theta(t) = -Et + \theta(0)$$

となる。ただし、$\theta(0)$ は $t = 0$ の初期値で定数となる。

また、$S(q)$ を与える式は

$$H\left(q, \frac{dS(q)}{dq}\right) = E$$

となるが、ハミルトニアン H のかたちが与えられれば、方程式の解を得ることができる。そして、その結果、$S(q)$ が求まれば

$$p = m\frac{dq}{dt} = \frac{\partial W(q,Q,t)}{\partial q} = \frac{dS(q)}{dq}$$

という関係式を利用して、q すなわち、物体の位置が t の関数として与えられることになる。つまり、ハミルトニアン H が与えられれば、物体の運動を解析できることになる。

この問題を一般化してみよう。実は、q は一般化座標であり、自由度が n の場合には

$$H\left(q_1, q_2, ..., q_n, \frac{\partial S(q_1, q_2, ..., q_n)}{\partial q_1}, \frac{\partial S(q_1, q_2, ..., q_n)}{\partial q_2}, ..., \frac{\partial S(q_1, q_2, ..., q_n)}{\partial q_n}\right) = E$$

となる。

3 次元の直交座標系では

$$H\left(x,y,z,\frac{\partial S(x,y,z)}{\partial x},\frac{\partial S(x,y,z)}{\partial y},\frac{\partial S(x,y,z)}{\partial z}\right)=E$$

と与えられる。

演習 8-4　重力のある 3 次元空間を運動する質量 m [kg] の物体の運動に対応したハミルトン-ヤコビの偏微分方程式を導出せよ。ただし、重力加速度を g [m/s^2] とする。

　解）　z 軸の正方向を鉛直上方とすると、ハミルトニアンは

$$H=\frac{p_x^{\ 2}}{2m}+\frac{p_y^{\ 2}}{2m}+\frac{p_z^{\ 2}}{2m}+mgz$$

となる。

　ハミルトン-ヤコビの偏微分方程式は

$$-\frac{\partial}{\partial t}W(x,y,z,t)=H\left(x,y,z,\frac{\partial W}{\partial x},\frac{\partial W}{\partial y},\frac{\partial W}{\partial z}\right)$$

であった。対応関係を確認すると

$$p_x=\frac{\partial W}{\partial x}\qquad p_y=\frac{\partial W}{\partial y}\qquad p_z=\frac{\partial W}{\partial z}$$

である。さらに

$$W(x,y,z,t)=S(x,y,z)+\theta(t)$$

と変数分離できると仮定すると

$$p_x=\frac{\partial S(x,y,z)}{\partial x}\qquad p_y=\frac{\partial S(x,y,z)}{\partial y}\qquad p_z=\frac{\partial S(x,y,z)}{\partial z}$$

となる。さらに、物体の運動は x,y,z 方向で独立であり、互いに相関はないので、母関数の成分 $S(x,y,z)$ も

$$S(x,y,z)=S_x(x)+S_y(y)+S_z(z)$$

のように変数分離できると考えられる。すると

$$p_x=\frac{\partial S(x,y,z)}{\partial x}=\frac{\partial(S_x(x)+S_y(y)+S_z(z))}{\partial x}=\frac{\partial S_x(x)}{\partial x}=\frac{dS_x(x)}{dx}$$

となり、同様に

$$p_y = \frac{dS_y(y)}{dy} \qquad p_z = \frac{dS_z(z)}{dz}$$

となって、偏微分ではなくなる。

　ここで、ハミルトン-ヤコビの偏微分方程式

$$-\frac{\partial}{\partial t}W(x,y,z,t) = H\left(x,y,z,\frac{\partial W}{\partial x},\frac{\partial W}{\partial y},\frac{\partial W}{\partial z}\right)$$

の左辺と右辺は

$$-\frac{\partial}{\partial t}W(x,y,z,t) = -\frac{\partial}{\partial t}\{S(x,y,z)+\theta(t)\} = -\frac{d\theta(t)}{dt}$$

$$H\left(x,y,z,\frac{\partial W}{\partial x},\frac{\partial W}{\partial y},\frac{\partial W}{\partial z}\right) = H\left(x,y,z,\frac{dS_x}{dx},\frac{dS_y}{dy},\frac{dS_z}{dz}\right)$$

となる。ここで、ハミルトニアンは

$$H\left(x,y,z,\frac{dS_x}{dx},\frac{dS_y}{dy},\frac{dS_z}{dz}\right) = \frac{1}{2m}\left\{\left(\frac{dS_x}{dx}\right)^2+\left(\frac{dS_y}{dy}\right)^2+\left(\frac{dS_z}{dz}\right)^2\right\}+mgz$$

となるから、求める方程式は

$$-\frac{d\theta(t)}{dt} = \frac{1}{2m}\left\{\left(\frac{dS_x}{dx}\right)^2+\left(\frac{dS_y}{dy}\right)^2+\left(\frac{dS_z}{dz}\right)^2\right\}+mgz$$

となる。

　この方程式の左辺は t のみの関数であり、右辺は、x, y, z の関数となる。これら変数に相関はないので、この方程式が成立するためには、その値は定数でなければならない。

　この定数は、変換前の系のエネルギーである。よって、これを E と置くと

$$-\frac{d\theta(t)}{dt} = E$$

$$\frac{1}{2m}\left\{\left(\frac{dS_x(x)}{dx}\right)^2+\left(\frac{dS_y(x)}{dy}\right)^2+\left(\frac{dS_z(x)}{dz}\right)^2\right\}+mgz = E$$

という 2 個の微分方程式が得られる。後は、これら方程式を解けばよい。まず θ に関する方程式の解は、$t = 0$ のとき $\theta(0)$ という初期条件を与えれば

$$\theta(t) = -Et + \theta(0)$$

と与えられる。

　つぎに、位置に関する方程式では、x および y 方向の運動量は一定となるので、a, b を定数として

$$\frac{dS_x}{dx} = a \quad \text{および} \quad \frac{dS_y}{dy} = b$$

と置ける。よって

$$\frac{1}{2m}\left\{a^2 + b^2 + \left(\frac{dS_z}{dz}\right)^2\right\} + mgz = E$$

という、変数 z に関する微分方程式となり、変形すると

$$\left(\frac{dS_z}{dz}\right)^2 = 2m(E - mgz) - a^2 - b^2$$

となる。よって

$$\frac{dS_z}{dz} = \pm\sqrt{2m(E - mgz) - a^2 - b^2}$$

となる。ここで、x 方向では

$$p_x = m\frac{dx}{dt} = \frac{dS_x}{dx} = a \quad \text{より} \quad \frac{dx}{dt} = \frac{a}{m} \quad \text{となり}$$

$$x = \frac{a}{m}t + x_0$$

となる。ただし、x_0 は定数であり、$t = 0$ における位置である。これは、等速度運動である。つぎに、y 方向では

$$p_y = m\frac{dy}{dt} = \frac{dS_y}{dy} = b \quad \text{より} \quad \frac{dy}{dt} = \frac{b}{m} \quad \text{となり}$$

$$y = \frac{b}{m}t + y_0$$

となる。ただし、y_0 は定数であり、$t = 0$ における位置である。これも、等速度運動となる。

演習 8-5　*z* 方向の運動を解析せよ。

解）　*z* 方向では

$$p_z = m\frac{dz}{dt} = \frac{dS_z}{dz} = \pm\sqrt{2m(E - mgz) - a^2 - b^2}$$

となるが、重力は負の方向に働くから

$$m\frac{dz}{dt} = -\sqrt{2m(E - mgz) - a^2 - b^2}$$

を選ぶ。すると

$$-\frac{mdz}{\sqrt{2m(E - mgz) - a^2 - b^2}} = dt$$

という変数分離型の微分方程式が得られる。

　右辺を積分すると

$$\int dt = t + C_1$$

となる。ただし、C_1 は積分定数である。つぎに左辺を積分しよう。

$$-\int\frac{mdz}{\sqrt{2m(E - mgz) - a^2 - b^2}} = -\int m\{2m(E - mgz) - a^2 - b^2\}^{-\frac{1}{2}}\,dz$$

となるが、被積分関数を

$$u = 2m(E - mgz) - a^2 - b^2$$

と置くと

$$du = -2m^2gdz$$

となるので

$$-\int\frac{m}{\sqrt{2m(E - mgz) - a^2 - b^2}}dz = -\int\frac{m}{\sqrt{u}}\left(\frac{du}{-2m^2g}\right) = \frac{1}{2mg}\int u^{-\frac{1}{2}}du$$

$$= \frac{1}{mg}u^{\frac{1}{2}} + C_2 = \frac{1}{mg}\sqrt{2m(E - mgz) - a^2 - b^2} + C_2$$

ただし、C_2 は積分定数である。したがって

$$\frac{1}{mg}\sqrt{2m(E - mgz) - a^2 - b^2} = t + C_1 - C_2 = t - t_0$$

となる。ただし、t_0 に積分定数をまとめている。両辺を平方して

$$\frac{1}{m^2 g^2}\{2m(E-mgz)-a^2-b^2\}=(t-t_0)^2$$

から

$$-\frac{2z}{g}+\frac{2mE-(a^2+b^2)}{m^2 g^2}=(t-t_0)^2$$

となり、結局、z 方向の解は

$$z=-\frac{1}{2}g(t-t_0)^2+\frac{2mE-(a^2+b^2)}{2m^2 g}$$

となる。

　この結果において

$$\frac{2mE-(a^2+b^2)}{2m^2 g}=z_0$$

と置くと

$$z=z_0-\frac{1}{2}g(t-t_0)^2$$

となり、z_0 は $t=t_0$ における高さとなる。この式から、物体は z の負方向に加速度 g で等加速度運動することがわかる。

　以上のように、ハミルトン-ヤコビ方程式を用いて、物体の運動を解析することができるのである。本来は、母関数を求め、その上で、q, p を求めるのが常套手段であるが、いまの演習のように、母関数の性質がわかっているので、母関数そのものを求めなくとも解が得られる。

　参考までに、いまの正準変換に対応した母関数を求めておこう。母関数は

$$W(x,y,z,t)=S(x,y,z)+\theta(t)=S_x(x)+S_y(y)+S_z(z)+\theta(t)$$

となる。まず

$$\frac{dS_x}{dx}=a \quad より \quad S_x=ax \qquad \frac{dS_y}{dy}=b \quad より \quad S_y=by$$

が得られる。ただし、$x=0$ で $S_x(x)=0$, $y=0$ で $S_y(y)=0$ とした。

　つぎに

$$\frac{dS_z}{dz} = -\sqrt{2m(E-mgz)-a^2-b^2}$$

より

$$S_z = -\int \sqrt{2m(E-mgz)-a^2-b^2}\, dz$$

から

$$S_z = \frac{1}{3m^2 g}\left\{2m(E-mgz)-a^2-b^2\right\}^{\frac{3}{2}}$$

となる。ただし、積分定数は省略している。

よって、母関数は

$$W(x,y,z,t) = S_x(x)+S_y(y)+S_z(z)+\theta(t)$$

$$= ax+by+\frac{1}{3m^2 g}\left\{2m(E-mgz)-a^2-b^2\right\}^{\frac{3}{2}}-Et+\theta(0)$$

と与えられる。

演習 8-6 つぎの単振動のハミルトニアンに対応した運動を、ハミルトン-ヤコビ方程式を用いて解析せよ。

$$H = \frac{1}{2m}p^2+\frac{1}{2}m\omega^2 q^2$$

解） ハミルトン-ヤコビ方程式は

$$H(q,p,t)+\frac{\partial W(q,Q,t)}{\partial t}=0$$

から

$$\frac{1}{2m}p^2+\frac{1}{2}m\omega^2 q^2+\frac{\partial W(q,Q,t)}{\partial t}=0$$

となる。

あらかじめ、変数変換後は、$Q=\alpha$ および $P=\beta$ のように定数となることがわかっているので

$$W(q,Q,t) = W(q,\alpha,t) = W(q,t) = S(q)+\theta(t)$$

と変数分離する。ここで

$$p = \frac{\partial W(q,t)}{\partial q} = \frac{dS(q)}{dq}$$

という関係にあり

$$\frac{\partial W(q,t)}{\partial t} = \frac{d\theta(t)}{dt}$$

から、ハミルトン-ヤコビ方程式は

$$H(q,p,t) + \frac{\partial W(q,t)}{\partial t} = \frac{1}{2m}\left(\frac{dS(q)}{dq}\right)^2 + \frac{1}{2}m\omega^2 q^2 + \frac{d\theta(t)}{dt} = 0$$

となる。したがって

$$\frac{1}{2m}\left(\frac{dS(q)}{dq}\right)^2 + \frac{1}{2}m\omega^2 q^2 = -\frac{d\theta(t)}{dt}$$

という微分方程式が得られる。

　この式の左辺は、q のみの関数であり、右辺は t のみの関数であるので、この式が成立するためには、両辺が定数でなければならない。この定数を E とすると

$$\frac{1}{2m}\left(\frac{dS(q)}{dq}\right)^2 + \frac{1}{2}m\omega^2 q^2 = E$$

が得られる。よって

$$\frac{dS(q)}{dq} = \sqrt{2mE - m^2\omega^2 q^2}$$

となる。ここでは、平方根の正のほうを選択している。負を選択した場合でも同様の結果が得られる。

　ところで

$$p = \frac{\partial W(q,t)}{\partial q} = \frac{dS(q)}{dq}$$

であったので

$$p = m\frac{dq}{dt} = \sqrt{2mE - m^2\omega^2 q^2}$$

となり、変数分離すると

$$\frac{mdq}{\sqrt{2mE - m^2\omega^2q^2}} = dt$$

という微分方程式が得られる。

右辺を積分すると、C_1 を積分定数として

$$\int dt = t + C_1$$

となる。左辺の積分は、積分公式

$$\int \frac{dx}{\sqrt{A^2 - x^2}} = \sin^{-1}\frac{x}{A} + C \qquad (ただし A > 0 は定数で C は積分定数)$$

を使うと、C_2 を積分定数として

$$\int \frac{mdq}{\sqrt{2mE - m^2\omega^2q^2}} = \frac{1}{\omega}\int \frac{dq}{\sqrt{\frac{2E}{m\omega^2} - q^2}} = \frac{1}{\omega}\sin^{-1}\left(\sqrt{\frac{m\omega^2}{2E}}q\right) + C_2$$

となる。ただし、角速度は $\omega > 0$ としている。したがって

$$\frac{1}{\omega}\sin^{-1}\left(\sqrt{\frac{m\omega^2}{2E}}q\right) + C_2 = t + C_1$$

となるが、積分定数をまとめて a と置くと

$$\frac{1}{\omega}\sin^{-1}\left(\sqrt{\frac{m\omega^2}{2E}}q\right) = t + a$$

となる。したがって

$$\sqrt{\frac{m\omega^2}{2E}}\,q = \sin\{\omega(t+a)\}$$

となり、結局

$$q = \sqrt{\frac{2E}{m\omega^2}}\,\sin\{\omega(t+a)\}$$

という解が得られる。

以上のようにハミルトン-ヤコビ方程式によって、ハミルトニアンが与えられ

たとき、その運動の解析を行うことが可能となる。

8.3.　母関数とラグランジアン

　ハミルトン-ヤコビ方程式から得られる母関数 W は q と t の関数である。これは、Q が定数となるからである。

　したがって、その全微分は

$$dW(q,t) = \frac{\partial W(q,t)}{\partial q}dq + \frac{\partial W(q,t)}{\partial t}dt$$

となるので

$$\frac{dW(q,t)}{dt} = \frac{\partial W(q,t)}{\partial q}\frac{dq}{dt} + \frac{\partial W(q,t)}{\partial t}$$

ここで、母関数 $W(q,t)$ による正準変換において

$$p = \frac{\partial W(q,t)}{\partial q}$$

であり、ハミルトン-ヤコビ方程式

$$H(q,p) + \frac{\partial W(q,t)}{\partial t} = 0$$

から

$$\frac{\partial W(q,t)}{\partial t} = -H(q,p)$$

であるから

$$\frac{dW(q,t)}{dt} = p\frac{dq}{dt} - H = p\dot{q} - H$$

となる。ハミルトニアンの定義のひとつとして

$$H = p\dot{q} - L$$

という式を思い出してみよう。すると

$$\frac{dW(q,t)}{dt} = p\dot{q} - H = p\dot{q} - (p\dot{q} - L) = L$$

となる。つまり、ハミルトン-ヤコビ方程式によって得られる母関数の時間微分はラグランジアンに対応するのである。

よって、作用積分は

$$\int L\,dt = \int \frac{dW}{dt}\,dt = \int dW = W$$

となり、積分定数という不定性はあるが、ハミルトン–ヤコビ方程式から得られる母関数 W は作用と同じものなのである。

　もちろん、厳密な取り扱いが必要となるが、全体像を捉えるうえでは、上記のような俯瞰は重要である。

　解析力学の手法は、抽象性が高く、形式的とは言われるが、その物理的な意味を考えていくと、このように、実は、底流ではつながっていることが多いのである。

おわりに

　これで解析力学への入門は幕を閉じる。難解と呼ばれる「解析力学」に挑戦してみた感想はどうであったろうか。もちろん、簡単な学問ではない。しかし、新しい視野を広げてくれる学問であることも事実ではなかろうか。本書を通して、「解析力学」に少しでも興味を持っていただけたなら幸甚である。

　解析力学には「正準」という用語が出てくるが、これは英語の canonical の和訳であり、もともとの意味は「正式な聖典に基づく」というものであり、神の与えたもうた自然の法則を意味している。統計力学においても登場する用語である。

　解析力学に限らず、統計力学、量子力学など、すべての自然科学は人智の及ばない大きな法則に支配されている。かつては、神による創造とも呼ばれたが、いまでは、神ではなく、"something great" と呼称されることもある。人類は、その偉大なる法則を学び、数式という万国共通語を駆使して現代科学を構築してきた。

　これら人類の所産の中でも、解析力学は、常識と思っていたことに、別の角度から光をあて、こんなアプローチもあるのだということに気づかせてくれる学問である。その雰囲気を少しでも感じとっていただけたなら著者の望外の喜びである。

　よく、解析力学は量子力学の基礎になっていると言われる。実際に、ハイゼンベルクらが行列に基づいた量子力学を構築する際に見本としたのが、ハミルトニアン H である。興味のある方は『量子力学 I－行列力学入門』村上、飯田、小林著、飛翔舎 (2023) を参照してほしい。

著者紹介

村上　雅人

理工数学研究所　所長　工学博士
情報・システム研究機構　監事
2012 年より 2021 年まで芝浦工業大学学長
2021 年より岩手県 DX アドバイザー
現在、日本数学検定協会評議員、日本工学アカデミー理事
技術同友会会員、日本技術者連盟会長
著書「大学をいかに経営するか」（飛翔舎）
「なるほど生成消滅演算子」（海鳴社）
など多数

鈴木　正人

理工数学研究所　主任研究員

小林　忍

理工数学研究所　主任研究員
著書「超電導の謎を解く」（C&R 研究所）
「低炭素社会を問う」（飛翔舎）
「エネルギー問題を斬る」（飛翔舎）
「SDGs を吟味する」（飛翔舎）
監修「テクノジーのしくみとはたらき図鑑」（創元社）

―理工数学シリーズ―

解析力学

2024 年　4 月　1 日　第 1 刷　発行

発行所：合同会社飛翔舎 https://www.hishosha.com
　　　　住所：東京都杉並区荻窪三丁目 16 番 16 号
　　　　電話：03-5930-7211　FAX：03-6240-1457
　　　　E-mail：info@hishosha.com

編集協力：小林信雄、吉本由紀子
組版：小林忍
印刷製本：株式会社シナノパブリッシングプレス

飛翔舎の本

高校数学から優しく橋渡しする ─理工数学シリーズ─

「統計力学　基礎編」村上雅人・飯田和昌・小林忍　　A5 判 220 頁　　2000 円
　　統計力学の基礎を分かりやすく解説。目からうろこのシリーズの第一弾。

「統計力学　応用編」村上雅人・飯田和昌・小林忍　　A5 判 210 頁　　2000 円
　　統計力学がどのように応用されるかを解説。現代物理の礎となった学問が理解できる。

「回帰分析」村上雅人・井上和朗・小林忍　　　　　　A5 判 288 頁　　2000 円
　　データサイエンスの基礎である統計検定と AI の基礎である回帰が学べる。

「量子力学 I 行列力学入門」村上雅人・飯田和昌・小林忍 A5 判 188 頁　2000 円
　　量子力学がいかに建設されたのかが分かる。未踏の分野に果敢に挑戦した研究者の物語。

「線形代数」村上雅人・鈴木絢子・小林忍　　　　　　A5 判 236 頁　　2000 円
　　量子力学の礎「行列の対角化」の導出方法を丁寧に説明。線形代数の汎用性が分かる。

「解析力学」村上雅人・鈴木正人・小林忍　　　　　　A5 判 290 頁　　2500 円
　　ラグランジアンの応用例を示し、解析力学が立脚する変分法を、わかりやすく解説。

高校の探究学習に適した本 ─村上ゼミシリーズ─

「低炭素社会を問う」　　村上雅人・小林忍　　　　四六判 320 頁　　1800 円
　　多くのひとが語らない二酸化炭素による温暖化機構を物理の知識をもとに解説

「エネルギー問題を斬る」　村上雅人・小林忍　　　四六判 330 頁　　1800 円
　　エネルギー問題の本質を理解できる本

「SDGs を吟味する」　　村上雅人・小林忍　　　　四六判 378 頁　　1800 円
　　世界の動向も踏まえて SDGs の本質を理解できる本

大学を支える教職員にエールを送る ─ウニベルシタス研究所叢書─

「大学をいかに経営するか」　村上雅人　　　　　　四六判 214 頁　　1500 円

「プロフェッショナル職員への道しるべ」大工原孝　四六判 172 頁　　1500 円

「粗にして野だが」　山村昌次　　　　　　　　　　四六判 182 頁　　1500 円

「教職協働はなぜ必要か」　吉川倫子　　　　　　　四六判 170 頁　　1500 円

「ナレッジワーカーの知識交換ネットワーク」　　A5 判 220 頁　　3000 円
村上由紀子
　　高度な専門知識をもつ研究者と医師の知識交換ネットワークに関する日本発の精緻な
　　実証分析を収録

価格は、本体価格